# 알기 쉬운 공학수학

이상한 지음

교우사

# 머리말

국가직무능력표준(NCS) 기반 교육과정이 대학에 도입되면서 직업기초능력에 대한 체계적인 학습이 요구되고 있다. 고도의 정보화 사회에서 수학은 그 자체로서 뿐만 아니라 자연과학, 공학, 응용과학 등 거의 모든 분야에서 문제해결의 도구로서 그 중요성이 증대되고 있다.

본 교재는 저자가 수년간 강의한 내용을 토대로 자연계열과 공학계열 및 전문대학 학생들에게 맞도록 집필하였다. 가능한 한 어려운 이론적인 전개는 생략하고 간명한 설명과 쉬운 예를 반복함으로써 배운 내용을 공학문제 해결에 쉽게 적용할 수 있도록 하는 데 중점을 두었다.

본 교재의 주요 내용은 공학도로서 필요한 공학수학의 기본개념을 습득하고 연습하여 전공에 대한 기초수학능력을 향상시킬 수 있도록 하였다. 또한, 공학문제 해결의 필수 도구인 행렬, 함수, 미분적분학, 미분방정식 등의 개념을 이해하고 기초적인 공학문제 풀이를 반복하여 전공에 대한 이해도를 높이도록 하였다. 마지막 장에는 집합, 수와 연산, 인수분해, 방정식 등 기초수학 내용을 수록하여 수학에 대한 기초가 약한 학생들이 참고할 수 있도록 하였다.

수리능력은 논리적이고 단계적인 학습을 통하여 향상되는 학문이다. 본 교재가 학생들에게 수학에 대한 흥미를 조금이나마 느끼게 하여 각자의 전공 분야에 유익하게 활용이 된다면 저자는 큰 보람으로 생각할 것이다.

끝으로 본 교재가 출판될 수 있도록 많은 배려와 도움을 주신 교우사 오판근 사장님과 편집진 여러분께 깊은 감사의 말씀을 드린다.

저자 올림

# 차례

# 제1장 행렬

## 1.1 행렬의 정의

수, 변수 등을 직사각형 모양으로 배열한 후 괄호로 묶어놓은 형태를 행렬(matrix)이라 하고, 대문자 $A, B, C, \cdots$ 등으로 나타낸다. 예를 들면

$$A = \begin{pmatrix} 6 & 2 & 3 & 1 \\ 1 & 0 & 3 & 4 \\ 3 & 2 & 1 & 4 \end{pmatrix}$$

는 행렬이다. 행렬을 구성하고 있는 각 구성 원소를 **성분**(component)이라 하고, 가로줄을 **행**(row), 세로줄을 **열**(column)이라 한다. $m$개의 행과 $n$개의 열로 이루어진 행렬을 $m \times n$행렬이라 하고, $m \times n$행렬을 모두 모아놓은 집합을 $M_{m \times n}$으로 나타낸다.

행렬을 표시할 때 첨자를 사용하면 각 성분의 위치가 명확하게 구분이 된다. 즉, $a_{ij}$는 $i$번째 행과 $j$번째 열의 교차점에 있는 성분을 나타내며 $ij-$**성분**이라 한다. 행렬의 각 성분을 모두 표시하는 것이 불편할 경우에

$$A = \begin{pmatrix} a_{11} & a_{12} & \cdots & a_{1n} \\ a_{21} & a_{22} & \cdots & a_{2n} \\ \vdots & \vdots & \ddots & \vdots \\ a_{m1} & a_{m2} & \cdots & a_{mn} \end{pmatrix}$$

을 간단히 $A = (a_{ij})$로 나타낸다.

모든 성분이 0인 행렬을 **영행렬**(zero matrix)이라 하고 **0**으로 나타낸다. 행의 개수와 열의 개수가 $n$개로 같은 행렬을 $n$차의 **정방행렬**(square matrix)이라 한다. $n$차의 정방행렬에서 대각선상에 배열된 성분 $a_{11}, a_{22}, \dots, a_{nn}$을 **대각성분**(diagonal components)이라 한다. 대각성분 이외의 모든 성분이 0인 정방행렬을 **대각행렬**(diagonal matrix)이라 한다.

대각성분이 모두 1인 대각행렬을 **항등행렬**(identity matrix)이라 하고 $I$로 나타낸다.

**예제 1** 다음 행렬을 구별하여라.

$$A=\begin{pmatrix} 7 & 2 & 0 & 3 \\ 2 & 4 & 6 & 8 \end{pmatrix} \quad B=\begin{pmatrix} 0 & 0 & 0 & 0 \\ 0 & 0 & 0 & 0 \end{pmatrix} \quad C=\begin{pmatrix} 1 & 0 \\ 0 & 1 \end{pmatrix}$$

$$D=\begin{pmatrix} 7 & 1 & 5 \\ 3 & 5 & 4 \\ 4 & 9 & 2 \end{pmatrix} \quad E=\begin{pmatrix} 6 & 0 & 0 \\ 0 & 0 & 0 \\ 0 & 0 & 2 \end{pmatrix} \quad F=\begin{pmatrix} 1 & 0 & 0 \\ 0 & 1 & 0 \\ 0 & 0 & 1 \end{pmatrix}$$

【풀이】 $A$는 $2\times4$행렬, $B$는 0행렬, $C$는 2차의 항등행렬, $D$는 3차의 정방행렬, $E$는 3차의 대각행렬이고, $F$는 3차의 항등행렬이다

**정의 1 (전치행렬)**

행렬 $A=(a_{ij})\in M_{m\times n}$에서 행과 열을 바꾸어 놓은 행렬, 즉 $i$행을 $i$열로 $j$열을 $j$행으로 바꾸어 놓은 행렬을 $A$의 **전치행렬**(transposed matrix)이라 하고 $A^t$로 나타낸다.

**예제 2** 다음 행렬의 전치행렬을 구하여라.

$$A=\begin{pmatrix} 7 & 1 & 3 \\ 3 & 5 & 6 \\ 1 & 3 & 2 \end{pmatrix} \quad B=\begin{pmatrix} 2 & 1 & 2 \\ 1 & 3 & 5 \end{pmatrix} \quad C=\begin{pmatrix} 2 & 0 \\ 1 & 6 \\ 0 & 1 \end{pmatrix}$$

【풀이】 $A^t=\begin{pmatrix}7&1&3\\3&5&6\\1&3&2\end{pmatrix}^t=\begin{pmatrix}7&3&1\\1&5&3\\3&6&2\end{pmatrix}$

$$B^t=\begin{pmatrix}2&1&2\\1&3&5\end{pmatrix}^t=\begin{pmatrix}2&1\\1&3\\2&5\end{pmatrix}$$

$$C^t=\begin{pmatrix}2&0\\1&6\\0&1\end{pmatrix}^t=\begin{pmatrix}2&1&0\\0&6&1\end{pmatrix}$$

**문제 1** 다음 행렬의 전치행렬을 구하여라.

$$A=\begin{pmatrix}1&1&5\\3&5&0\\2&0&2\end{pmatrix}\qquad B=\begin{pmatrix}2&0&2\\1&3&6\end{pmatrix}\qquad C=\begin{pmatrix}5&1\\3&7\\2&5\end{pmatrix}$$

$$D=\begin{pmatrix}0&1&5\\3&5&4\\4&2&2\end{pmatrix}\qquad E=\begin{pmatrix}3&0&0\\0&7&0\\0&0&2\end{pmatrix}\qquad F=\begin{pmatrix}1&0&0\\0&1&0\\0&0&1\end{pmatrix}$$

$A^t=A$인 행렬을 **대칭행렬**(symmetric matrix)이라 하고, $A^t=-A$인 행렬을 **교대행렬**(skew-symmetric matrix)이라 한다. $A=(a_{ij})$가 대칭행렬이면 모든 $a_{ij}=a_{ji}$이고, $A=(a_{ij})$가 교대행렬이면 $a_{ij}=-a_{ji}$이다. 특히, $a_{ii}=-a_{ii}$이면 $a_{ii}=0$이므로 교대행렬의 모든 대각성분은 0이다.

**예제 3** 다음 행렬을 대칭행렬과 교대행렬로 구별하여라.

$$A=\begin{pmatrix}0&2&4\\2&1&3\\4&3&2\end{pmatrix}\qquad B=\begin{pmatrix}0&-5&1\\5&0&-6\\-1&6&0\end{pmatrix}\qquad C=\begin{pmatrix}3&0&5\\2&1&0\\8&0&1\end{pmatrix}$$

【풀이】 행렬 $A$는 대칭행렬이고, 행렬 $B$는 교대행렬이고, 행렬 $C$는 대칭행렬도 교대행렬도 아니다.

## 1.2 행렬의 연산

행렬들 사이에 연산을 정의하고 그들의 성질을 알아보자.

**정의 2 (행렬의 상등)**
행렬 $A=(a_{ij}),\ B=(b_{ij})\in M_{m\times n}$에서 대응하는 모든 성분이 같을 때, 즉 모든 $i,j$에 대하여 $a_{ij}=b_{ij}$일 때 $A$와 $B$는 **같다**(equal)고 하며 $A=B$로 나타낸다.

**정의 3 (행렬의 합)**
행렬 $A=(a_{ij}),\ B=(b_{ij})\in M_{m\times n}$에서 대응하는 성분의 합을 새로운 성분으로 하는, 즉 $a_{ij}+b_{ij}$를 $ij$성분으로 하는 새로운 행렬 $C=(c_{ij})$을 행렬 $A$와 $B$의 **합**(sum)이라 하고, $C=A+B$로 나타낸다. 즉,

$$A+B=(a_{ij})+(b_{ij})=(a_{ij}+b_{ij})=(c_{ij})=C$$

두 행렬의 합은 행의 수가 같고 열의 수가 같을 때에 가능하다.

**정의 4 (행렬의 스칼라곱)**
행렬 $A=(a_{ij})\in M_{m\times n}$에서 각 성분에 상수 $k$배 한 것을 새로운 성분으로 하는, 즉 $ka_{ij}$를 $ij$성분으로 하는 새로운 행렬 $B$를 $k$와 행렬 $A$의 **스칼라곱**이라 하고, $B=kA$로 나타낸다.

$$kA=k(a_{ij})=(k\,a_{ij})=B$$

특히, $-1$과 행렬 $A$의 스칼라곱은 $(-1)A=-A$로 표시한다.
또한 $A+(-1)B=A-B$로 쓰고 $A$와 $B$의 **차**(difference)라 한다.

**예제 1** 행렬 $A$, $B$가 다음과 같을 때 $2A$, $A+B$, $2A-B$, $-3B$를 계산하여라.

$$A=\begin{pmatrix}1&0&2\\0&3&2\end{pmatrix} \qquad B=\begin{pmatrix}1&1&2\\2&3&1\end{pmatrix}$$

【풀이】

$$2A=2\begin{pmatrix}1&0&2\\0&3&2\end{pmatrix}=\begin{pmatrix}2\cdot1&2\cdot0&2\cdot2\\2\cdot0&2\cdot3&2\cdot2\end{pmatrix}=\begin{pmatrix}2&0&4\\0&6&4\end{pmatrix}$$

$$-3B=-3\begin{pmatrix}1&1&2\\2&3&1\end{pmatrix}=\begin{pmatrix}-3&-3&-6\\-6&-9&-3\end{pmatrix}$$

$$A+B=\begin{pmatrix}1&0&2\\0&3&2\end{pmatrix}-\begin{pmatrix}1&1&2\\2&3&1\end{pmatrix}$$

$$=\begin{pmatrix}1+1&0+1&2+2\\0+2&3+3&2+1\end{pmatrix}=\begin{pmatrix}2&1&4\\2&6&3\end{pmatrix}$$

$$2A-B=\begin{pmatrix}2&0&4\\0&6&4\end{pmatrix}+\begin{pmatrix}1&1&2\\2&3&1\end{pmatrix}=\begin{pmatrix}3&1&6\\2&9&5\end{pmatrix}$$

**정리 1** 행렬 $A$, $B$, $C\in M_{m\times n}$와 상수 $k_1$, $k_2$에 대하여 다음 성질이 성립한다.

(1) $A+0=0+A=0$

(2) $A+(-A)=(-A)+A=0$

(3) $A+B=B+A$

(4) $A+(B+C)=(A+B)+C$

(5) $k_1(A+B)=k_1A+k_1B$

(6) $(k_1+k_2)A=k_1A+k_2A$

(7) $(k_1k_2)A=k_1(k_2A)=k_2(k_1A)$

(8) $1A=A$

【증명】 $A=(a_{ij})$, $B=(b_{ij})$라하고, 0은 영행렬 이라 하자.

(1) $A+0=(a_{ij})+(0)=(a_{ij}+0)=(a_{ij})=A$

$0+A=(0)+(a_{ij})=(0+a_{ij})=(a_{ij})=A$

(3) $A+B=(a_{ij})+(b_{ij})=(a_{ij}+b_{ij})=(b_{ij}+a_{ij})=(b_{ij})+(a_{ij})=B+A$

(8) $1A=1(a_{ij})=(1a_{ij})=(a_{ij})=A$

같은 방법으로 나머지 성질도 증명할 수 있다.

**문제 1** 행렬 $A, B$가 다음과 같을 때 $3A$, $3A+2B$, $A-B$를 계산하여라.

$$A=\begin{pmatrix}3&1&2\\2&3&4\end{pmatrix} \qquad B=\begin{pmatrix}1&0&2\\2&1&0\end{pmatrix}$$

**문제 2** 정리 1에서 증명하지 않은 성질을 증명하여라.

**정의 5 (행렬의 곱셈)**

행렬 $A=(a_{ik})\in M_{m\times r}$, $B=(b_{kj})\in M_{r\times n}$에서 $A$의 $i$행과 $B$의 $j$열의 각 성분을 순서대로 곱하여 더한 것을 새로운 성분으로 하는, 즉 $c_{ij}=a_{i1}b_{1j}+a_{i2}b_{2j}+\cdots+a_{ir}b_{rj}$를 $ij$성분으로 하는 새로운 행렬 $C=(c_{ij})$를 행렬 $A$와 $B$의 **곱**(product)이라 하고, $C=AB$로 나타낸다. 즉,

$$AB=(a_{ik})(b_{kj})=\left(\sum_{k=1}^{r}a_{ik}b_{kj}\right)=(c_{ij})=C$$

행렬의 곱 $AB$은 행렬 $A$의 열의 개수와 행렬 $B$의 행의 개수가 같아야 시행 할 수 있고, 곱의 결과는 행렬 $A$의 행의 개수와 행렬 $B$의 열의 개수가 행렬 $AB$의 행과 열의 개수가 된다.

**예제 2** 다음 행렬의 곱을 계산하여라.

(1) $A=\begin{pmatrix}1&1\\2&2\end{pmatrix}$ $B=\begin{pmatrix}1&0&2\\2&3&0\end{pmatrix}$

(2) $A=\begin{pmatrix}1&2\\3&4\end{pmatrix}$ $B=\begin{pmatrix}1&-1\\0&1\end{pmatrix}$

【풀이】 (1) $AB=\begin{pmatrix}1&1\\2&2\end{pmatrix}\begin{pmatrix}1&0&2\\2&3&0\end{pmatrix}$

$$=\begin{pmatrix}1\cdot1+1\cdot2 & 1\cdot0+1\cdot3 & 1\cdot2+1\cdot0\\ 2\cdot1+2\cdot2 & 2\cdot0+2\cdot3 & 2\cdot2+2\cdot0\end{pmatrix}$$

$$=\begin{pmatrix}3&3&2\\6&6&4\end{pmatrix}$$

$B$의 열의 수는 3이고 $A$의 행의 수는 2이므로 $BA$는 정의되지 않는다.

(2) $AB=\begin{pmatrix}1&2\\3&4\end{pmatrix}\begin{pmatrix}1&-1\\0&1\end{pmatrix}$

$$=\begin{pmatrix}1\cdot1+2\cdot0 & 1\cdot(-1)+2\cdot1\\ 3\cdot1+4\cdot0 & 3\cdot(-1)+4\cdot1\end{pmatrix}=\begin{pmatrix}1&1\\3&1\end{pmatrix}$$

$BA=\begin{pmatrix}1&-1\\0&1\end{pmatrix}\begin{pmatrix}1&2\\3&4\end{pmatrix}$

$$=\begin{pmatrix}1\cdot1+(-1)\cdot3 & 1\cdot2+(-1)\cdot4\\ 0\cdot1+1\cdot3 & 0\cdot2+1\cdot4\end{pmatrix}=\begin{pmatrix}-2&-2\\3&4\end{pmatrix}$$

곱 $AB$와 $BA$ 모두 정의되지만 이들은 같지 않다.

행렬 $A, B$의 곱 $AB$와 $BA$는 같은 경우도 있고 다른 경우도 있다. $AB=BA$일 때, $A$와 $B$는 곱에 관하여 **가환**(commutative)이라 한다. 행렬에서는 $AB=0$이고 $A\neq0$, $B\neq0$인 경우도 있다. 이러한 부분이 행렬의 곱이 수의 곱과 다른 성질이다.

**문제 3** 다음 행렬의 곱을 계산하여라.

(1) $A=\begin{pmatrix}3&1&2\\1&0&2\end{pmatrix}$ $\quad B=\begin{pmatrix}1&3\\1&0\\2&1\end{pmatrix}$

(2) $A=\begin{pmatrix}2&1\\5&4\end{pmatrix}$ $\quad B=\begin{pmatrix}2&-1\\0&2\end{pmatrix}$

**문제 4** (1) $A\neq 0,\ B\neq 0$이고 $AB=0$인 행렬 $A, B$을 만들어 보아라.

(2) $AC=BC,\ C\neq 0$이고 $A\neq B$인 행렬 $A, B, C$을 만들어 보아라.

다음 정리는 일반적인 수의 곱셈과 비슷한 행렬의 곱에 관한 성질이다.

**정리 2** 곱이 가능한 행렬 $A, B, C$와 상수 $k$에 대하여 다음 성질이 성립한다.

(1) $(AB)C=A(BC)$

(2) $A(B+C)=AB+AC$

(3) $(A+B)C=AC+BC$

(4) $k(AB)=(kA)B=A(kB)$

**문제 5** 행렬 $A,\ B,\ C$가 아래와 같을 때 다음을 구하여라.

$$A=\begin{pmatrix}2&1&0\\1&0&2\end{pmatrix},\ B=\begin{pmatrix}1&0&1\\3&1&0\end{pmatrix},\ C=\begin{pmatrix}2&1&0\\0&1&2\\1&1&0\end{pmatrix}$$

(1) $2A,\ 2A+B,\ A-B$

(2) $(A+B)C,\ (A-B)C$

(3) $AB^t,\ B^tA$

## 1.3 행렬식

연립방정식의 해를 규칙적으로 표시하려는 데에 그 기원을 두고 있는 행렬식은 공학 등의 응용분야에서 매우 유용하게 사용된다. 다음 2원 1차 연립방정식의 해를 구해보자.

$$\begin{cases} a_1x+b_1y=k_1 & (1) \\ a_2x+b_2y=k_2 & (2) \end{cases}$$

$(1)\times b_2-(2)\times b_1$ 에서

$$(a_1b_2-a_2b_1)x=k_1b_2-k_2b_1$$

$(2)\times a_1-(1)\times a_2$ 에서

$$(a_1b_2-a_2b_1)y=k_2a_1-k_1a_2$$

$a_1b_2-a_2b_1\neq 0$ 이면

$$x=\frac{k_1b_2-k_2b_1}{a_1b_2-a_2b_1},\quad y=\frac{k_2a_1-k_1a_2}{a_1b_2-a_2b_1}$$

이 결과는 $x$ 의 분자는 분모의 $a_1, a_2$ 를 $k_1, k_2$ 로 바꾼 것이고, $y$ 의 분자는 분모의 $b_1, b_2$ 를 $k_1, k_2$ 로 바꾼 것이다. 여기서

$a_1b_2-a_2b_1=\begin{vmatrix} a_1 & b_1 \\ a_2 & b_2 \end{vmatrix}$ 라 하면

연립방정식의 해는 다음과 같이 규칙적으로 표시된다.

$$x=\frac{\begin{vmatrix} c_1 & b_1 \\ c_2 & b_2 \end{vmatrix}}{\begin{vmatrix} a_1 & b_1 \\ a_2 & b_2 \end{vmatrix}},\quad y=\frac{\begin{vmatrix} a_1 & c_1 \\ a_2 & c_2 \end{vmatrix}}{\begin{vmatrix} a_1 & b_1 \\ a_2 & b_2 \end{vmatrix}}\quad \left(\text{단, } \begin{vmatrix} a_1 & b_1 \\ a_2 & b_2 \end{vmatrix}\neq 0\text{일때}\right)$$

$n$ 차 정방행렬 $A=(a_{ij})$ 에서 괄호 대신 직선으로 묶어놓은 식을 **행렬식**(determinant)이라 한다. 즉, $A=(a_{ij})$ 의 행렬식은 다음과 같이 표시한다.

$$|A| = \begin{vmatrix} a_{11} & a_{12} & \cdots & a_{1n} \\ a_{21} & a_{22} & \cdots & a_{2n} \\ \vdots & \vdots & \ddots & \vdots \\ a_{n1} & a_{n2} & \cdots & a_{nn} \end{vmatrix}$$

**정의 6 (수반행렬)**

$n$차 정방행렬 $A=(a_{ij})$의 $i$번째 행과 $j$번째 열을 제외한 행렬을 만들면 $(n-1)$차 정방행렬이 된다. 이 행렬의 행렬식을 $a_{ij}$의 **소행렬식**(minor)이라 하고 $M_{ij}$로 나타내며, $(-1)^{i+j}M_{ij}$를 $a_{ij}$의 **여인수**(cofactor)라 하고 $A_{ij}$로 나타낸다. 여인수 $A_{ij}$를 $ji$-성분으로 하는 행렬을 $A$의 **수반행렬**(adjoint matrix)이라 하고 $adj(A)$로 나타낸다. 즉,

$$adj(A) = (A_{ij})^t = \begin{pmatrix} A_{11} & A_{21} & \cdots & A_{n1} \\ A_{12} & A_{22} & \cdots & A_{n2} \\ \vdots & \vdots & \ddots & \vdots \\ A_{1n} & A_{2n} & \cdots & A_{nn} \end{pmatrix}$$

**예제 1** 다음 행렬의 여인수와 수반행렬을 구하여라.

$$A = \begin{pmatrix} 2 & 4 & 3 \\ 1 & 2 & 0 \\ 1 & 0 & 2 \end{pmatrix}$$

**【풀이】** 여인수를 모두 구하면

$$A_{11} = (-1)^{1+1}\begin{vmatrix} 2 & 0 \\ 0 & 2 \end{vmatrix} = 4,\quad A_{12} = (-1)^{1+2}\begin{vmatrix} 1 & 0 \\ 1 & 2 \end{vmatrix} = -2$$

$$A_{13} = (-1)^{1+3}\begin{vmatrix} 1 & 2 \\ 1 & 0 \end{vmatrix} = -2,\quad A_{21} = (-1)^{2+1}\begin{vmatrix} 4 & 3 \\ 0 & 2 \end{vmatrix} = -8$$

$$A_{22} = (-1)^{2+2}\begin{vmatrix} 2 & 3 \\ 1 & 2 \end{vmatrix} = 1,\quad A_{23} = (-1)^{2+3}\begin{vmatrix} 2 & 4 \\ 1 & 0 \end{vmatrix} = 4$$

$$A_{31} = (-1)^{3+1}\begin{vmatrix} 4 & 3 \\ 2 & 0 \end{vmatrix} = -6,\quad A_{32} = (-1)^{3+2}\begin{vmatrix} 2 & 3 \\ 1 & 0 \end{vmatrix} = 3$$

$$A_{33} = (-1)^{3+3}\begin{vmatrix} 2 & 4 \\ 1 & 2 \end{vmatrix} = 0$$

따라서, 수반행렬은

$$adj(A)=\begin{pmatrix} A_{11} & A_{21} & A_{31} \\ A_{12} & A_{22} & A_{32} \\ A_{13} & A_{23} & A_{33} \end{pmatrix}=\begin{pmatrix} 4 & -8 & -6 \\ -2 & 1 & 3 \\ -2 & 4 & 0 \end{pmatrix}$$

**문제 1** 다음 행렬의 여인수와 수반행렬을 구하여라.

(1) $\begin{pmatrix} 5 & 1 \\ 2 & 4 \end{pmatrix}$ (2) $\begin{pmatrix} 2 & 2 & 3 \\ 4 & 1 & 2 \\ 2 & 1 & 1 \end{pmatrix}$

정방행렬 $A$가 주어져 있을 때 $A$의 행렬식 $|A|$은 $A$의 성분를 행과 열에서 중복되지 않게 뽑아 곱한 값에 + 또는 − 를 붙여서 모두 합한 값인데 여기서는 $n$차 정방행렬의 행렬식 값을 귀납적으로 정의한다.

(1) 1차 정방행렬 $A=(a)$에 대하여 $|A|=a$로 정의 한다.

(2) 2차 정방행렬 $A=\begin{pmatrix} a & b \\ c & d \end{pmatrix}$에 대하여 $|A|=ad-bc$로 정의 한다.

**예제 2** 다음 행렬식의 값을 구하여라.

(1) $\begin{vmatrix} 5 & 3 \\ 2 & 4 \end{vmatrix}$ (2) $\begin{vmatrix} 6 & 4 \\ 7 & 5 \end{vmatrix}$

【풀이】 (1) $\begin{vmatrix} 5 & 3 \\ 2 & 4 \end{vmatrix}=20-6=14$

(2) $\begin{vmatrix} 6 & 4 \\ 7 & 5 \end{vmatrix}=30-28=2$

(3) 3차 이상의 정방행렬 $A=(a_{ij})$의 행렬식은 다음과 같이 정의한다.

$$|A|=\begin{vmatrix} a_{11} & a_{12} & \cdots & a_{1n} \\ a_{21} & a_{22} & \cdots & a_{2n} \\ \vdots & \vdots & \ddots & \vdots \\ a_{n1} & a_{n2} & \cdots & a_{nn} \end{vmatrix}=a_{11}A_{11}+a_{12}A_{12}+\cdots+a_{1n}A_{1n}$$

$a_{11}A_{11}+a_{12}A_{12}+\cdots+a_{1n}A_{1n}$을 제1행에 관한 전개식이라 한다. 실제로

제$i$행, 제 $j$열에 관한 전개식의 값은 모두 제1행에 관한 전개식의 값과 같다. 예를 들어, 3차 정방행렬 $A=(a_{ij})$의 행렬식을 제1행에 관하여 전개하면 다음과 같다.

$$\begin{aligned}|A| &= \begin{vmatrix} a_{11} & a_{12} & a_{13} \\ a_{21} & a_{22} & a_{23} \\ a_{31} & a_{32} & a_{33} \end{vmatrix} \\ &= a_{11}A_{11}+a_{12}A_{12}+a_{13}A_{13} \\ &= a_{11}\cdot(-1)^2\begin{vmatrix} a_{22} & a_{23} \\ a_{32} & a_{33} \end{vmatrix}+a_{12}\cdot(-1)^3\begin{vmatrix} a_{21} & a_{23} \\ a_{31} & a_{33} \end{vmatrix}+a_{13}\cdot(-1)^4\begin{vmatrix} a_{21} & a_{22} \\ a_{31} & a_{32} \end{vmatrix} \\ &= a_{11}a_{22}a_{33}-a_{11}a_{23}a_{32}-a_{12}a_{21}a_{33}+a_{12}a_{23}a_{31}+a_{13}a_{21}a_{32}-a_{13}a_{22}a_{31}\end{aligned}$$

**예제 3** 다음 행렬식의 값을 구하여라.

(1) $\begin{vmatrix} 5 & 0 & 2 \\ 3 & 2 & 4 \\ 2 & 3 & 1 \end{vmatrix}$　　　(2) $\begin{vmatrix} 4 & 5 & 6 \\ 3 & 0 & 1 \\ 2 & 0 & 1 \end{vmatrix}$

**【풀이】** (1) 제1행에 관한 전개식으로 구하여 보자.

$$\begin{vmatrix} 1 & 0 & 2 \\ 3 & 2 & 4 \\ 2 & 3 & 1 \end{vmatrix}=\begin{vmatrix} 2 & 4 \\ 3 & 1 \end{vmatrix}-0\begin{vmatrix} 3 & 4 \\ 2 & 1 \end{vmatrix}+2\begin{vmatrix} 3 & 2 \\ 2 & 3 \end{vmatrix}=2-12+2(9-4)=0$$

(2) 제2열에 관한 전개식으로 구하여 보자.

$$\begin{vmatrix} 7 & 3 & 6 \\ 3 & 0 & 1 \\ 2 & 0 & 1 \end{vmatrix}=-3\begin{vmatrix} 3 & 1 \\ 2 & 1 \end{vmatrix}+0\begin{vmatrix} 7 & 6 \\ 2 & 1 \end{vmatrix}-0\begin{vmatrix} 7 & 6 \\ 3 & 1 \end{vmatrix}=-3(3-2)=-3$$

**문제 2** 다음 행렬식의 값을 구하여라.

(1) $\begin{vmatrix} 6 & 3 \\ 2 & 4 \end{vmatrix}$ (2) $\begin{vmatrix} 7 & 4 \\ 7 & 3 \end{vmatrix}$

(3) $\begin{vmatrix} 2 & 1 & 2 \\ 1 & 0 & 6 \\ 3 & 4 & 1 \end{vmatrix}$ (4) $\begin{vmatrix} 0 & 5 & 2 \\ 1 & -2 & 1 \\ 2 & 3 & 1 \end{vmatrix}$

**정리 3 (행렬식의 성질 1)**
행렬식의 한 행(또는 열)의 성분이 모두 0이면 그 행렬식의 값은 0이다.

**예제 4** 다음 행렬식은 3행의 성분이 모두 0이므로 0이다.

$$\begin{vmatrix} 1 & 8 & 2 \\ 1 & 2 & 4 \\ 0 & 0 & 0 \end{vmatrix} = 0$$

**정리 4 (행렬식의 성질 2)**
행렬식의 두 행(또는 열)이 서로 비례하면 그 행렬식의 값은 0이다.

**예제 5** 다음 행렬식은 2행과 3행이 서로 비례함으로 행렬식의 값은 0이다.

$$\begin{vmatrix} 1 & 8 & 2 \\ 1 & 2 & 4 \\ 2 & 4 & 8 \end{vmatrix} = 0$$

**정리 5 (행렬식의 성질 3)**

행렬식의 한 행(또는 열)의 모든 성분에 동일한 수 k를 곱한 행렬식의 값은 처음 행렬식의 값의 k배와 같다.

**예제 6**

$$\begin{vmatrix} 1 & 3 & 2 \\ 3\times 2 & 3\times 2 & 3\times 4 \\ 1 & 5 & 0 \end{vmatrix} = 3\begin{vmatrix} 1 & 3 & 2 \\ 2 & 2 & 4 \\ 1 & 5 & 0 \end{vmatrix}$$

**정리 6 (행렬식의 성질 4)**

행렬식의 두 행(또는 열)을 서로 바꾼 행렬식 값은 처음 행렬식 값에 부호를 바꾼 값과 같다.

**예제 7**

$$\begin{vmatrix} 2 & 2 & 4 \\ 1 & 3 & 2 \\ 1 & 5 & 0 \end{vmatrix} = -\begin{vmatrix} 1 & 3 & 2 \\ 2 & 2 & 4 \\ 1 & 5 & 0 \end{vmatrix}$$

**정리 7 (행렬식의 성질 5)**

행렬식의 한 행(또는 열)의 성분에 동일한 수를 곱해서 다른 행(또는 열)에 더해도 행렬식의 값은 변하지 않는다.

**예제 8** 행렬식의 1행의 성분에 3을 곱해서 2행에 더해도 행렬식의 값은 변하지 않는다.

$$\begin{vmatrix} 1 & 3 & 2 \\ 2 & 2 & 4 \\ 1 & 5 & 0 \end{vmatrix} = \begin{vmatrix} 1 & 3 & 2 \\ 3\times 1+2 & 3\times 3+2 & 3\times 2+4 \\ 1 & 5 & 0 \end{vmatrix}$$

**정리 8 (행렬식의 성질 6)**

행렬식의 값과 그 행렬의 전치행렬 행렬식의 값은 서로 같다.

**예제 9** $\begin{vmatrix} 2 & 2 & 4 \\ 1 & 3 & 2 \\ 1 & 5 & 0 \end{vmatrix} = \begin{vmatrix} 2 & 1 & 1 \\ 2 & 3 & 5 \\ 4 & 2 & 0 \end{vmatrix}$

정방행렬 중에서 대각성분의 위쪽 또는 아래쪽의 모든 성분이 0인 행렬을 **삼각행렬**(triangular matrix)이라 한다.

**정리 9 (행렬식의 성질 7)**
삼각행렬의 행렬식은 대각성분을 곱한 값이다.

**예제 10** $\begin{vmatrix} 2 & 0 & 0 \\ 1 & 3 & 0 \\ 1 & 5 & 1 \end{vmatrix} = \begin{vmatrix} 2 & 3 & 2 \\ 0 & 3 & 4 \\ 0 & 0 & 1 \end{vmatrix} = 6$

**예제 11** 다음 행렬식의 값을 삼각행렬로 변형하여 구하여라.

$$\begin{vmatrix} 1 & 0 & 2 \\ 1 & 2 & 4 \\ 2 & 3 & 1 \end{vmatrix}$$

【풀이】 제1열에 $-1$을 곱하여 3열에 더한다.

$$\begin{vmatrix} 1 & 0 & 2 \\ 1 & 2 & 4 \\ 2 & 3 & 1 \end{vmatrix} = \begin{vmatrix} 1 & 0 & 0 \\ 1 & 2 & 2 \\ 2 & 3 & -3 \end{vmatrix}$$

제2열에 $-1$을 곱하여 3열에 더한다.

$$\begin{vmatrix} 1 & 0 & 2 \\ 1 & 2 & 4 \\ 2 & 3 & 1 \end{vmatrix} = \begin{vmatrix} 1 & 0 & 0 \\ 1 & 2 & 2 \\ 2 & 3 & -3 \end{vmatrix} = \begin{vmatrix} 1 & 0 & 0 \\ 1 & 2 & 0 \\ 2 & 3 & -6 \end{vmatrix} = -12$$

**문제 3** 다음 행렬식의 값을 삼각행렬로 변형하여 구하여라.

$$\begin{vmatrix} 1 & 1 & 2 & 1 \\ 1 & 0 & 1 & 1 \\ 1 & 1 & 1 & 0 \\ 2 & 1 & 1 & 1 \end{vmatrix}$$

**예제 12** 다음 행렬식의 값을 구하여라.

(1) $\begin{vmatrix} 1 & 1 & 0 \\ 2 & 5 & 6 \\ 2 & 2 & 1 \end{vmatrix}$ (2) $\begin{vmatrix} 1 & 3 & 2 \\ 0 & 0 & 0 \\ 5 & 4 & 1 \end{vmatrix}$ (3) $\begin{vmatrix} 5 & 2 & 4 \\ 3 & 6 & 9 \\ 1 & 2 & 3 \end{vmatrix}$

(4) $\begin{vmatrix} 1 & 2 & 3 \\ 4 & 5 & 6 \\ 7 & 8 & 9 \end{vmatrix}$ (5) $\begin{vmatrix} 40 & 50 & 60 \\ 0 & 1 & 3 \\ 0 & 0 & 1 \end{vmatrix}$ (6) $\begin{vmatrix} 1 & 0 & 0 & 1 \\ 1 & 0 & 1 & 1 \\ 1 & 1 & 1 & 0 \\ 0 & 1 & 1 & 1 \end{vmatrix}$

【풀이】 (1) 1행$\times(-2)$을 2행과 3행에 더하면

$$\begin{vmatrix} 1 & 1 & 0 \\ 2 & 5 & 6 \\ 2 & 2 & 1 \end{vmatrix} = \begin{vmatrix} 1 & 1 & 0 \\ 0 & 3 & 3 \\ 0 & 0 & 1 \end{vmatrix} = 3$$

(2) 2행의 성분이 모두 0이므로 행렬식의 값은 0이다.

(3) 2행과 3행이 서로 비례하므로 행렬식의 값은 0이다.

(4) 1행$\times(-1)$을 2행과 3행에 더하면

$$\begin{vmatrix} 1 & 2 & 3 \\ 4 & 5 & 6 \\ 7 & 8 & 9 \end{vmatrix} = \begin{vmatrix} 1 & 2 & 3 \\ 3 & 3 & 3 \\ 6 & 6 & 6 \end{vmatrix} = 0$$

(5) 1행의 공배수 10을 앞으로 하면

$$\begin{vmatrix} 40 & 50 & 60 \\ 0 & 1 & 3 \\ 0 & 0 & 1 \end{vmatrix} = \begin{vmatrix} 10\cdot4 & 10\cdot5 & 10\cdot6 \\ 0 & 1 & 3 \\ 0 & 0 & 1 \end{vmatrix} = 10\begin{vmatrix} 4 & 5 & 6 \\ 0 & 1 & 3 \\ 0 & 0 & 1 \end{vmatrix} = 40$$

(6) 1열$\times(-1)$을 4열에 더하면

$$\begin{vmatrix} 1 & 0 & 0 & 1 \\ 1 & 0 & 1 & 1 \\ 1 & 1 & 1 & 0 \\ 0 & 1 & 1 & 1 \end{vmatrix} = \begin{vmatrix} 1 & 0 & 0 & 0 \\ 1 & 0 & 1 & 0 \\ 1 & 1 & 1 & -1 \\ 0 & 1 & 1 & 1 \end{vmatrix} = \begin{vmatrix} 0 & 1 & 0 \\ 1 & 1 & -1 \\ 1 & 1 & 1 \end{vmatrix} = -\begin{vmatrix} 1 & -1 \\ 1 & 1 \end{vmatrix} = 2$$

**문제 4** 다음 행렬식의 값을 구하여라.

$$(1)\ \begin{vmatrix} 0 & 1 & 2 \\ 1 & 2 & 1 \\ 2 & 6 & 1 \end{vmatrix} \quad (2)\ \begin{vmatrix} 2 & 1 & 1 \\ 1 & -2 & 0 \\ 2 & 3 & 1 \end{vmatrix} \quad (3)\ \begin{vmatrix} 0 & 1 & 0 & 1 \\ 1 & 0 & 1 & 1 \\ 1 & 1 & 1 & 0 \\ 0 & 1 & 1 & 1 \end{vmatrix}$$

## 연습문제

1. 다음 행렬의 전치행렬을 구하여라.

$$A = \begin{pmatrix} 1 & 3 & 2 \\ 2 & 7 & 2 \end{pmatrix} \quad B = \begin{pmatrix} 4 & 2 \\ 3 & 8 \\ 2 & 1 \end{pmatrix}$$

2. 행렬 $A, B$가 다음과 같을 때 $3A, 3A-B$, $A+B$를 계산하여라.

$$A = \begin{pmatrix} 4 & 1 & 2 \\ 2 & 3 & 7 \end{pmatrix} \quad B = \begin{pmatrix} 1 & 3 & 2 \\ 2 & 1 & 0 \end{pmatrix}$$

3. 다음 행렬의 곱을 계산하여라.

$$A = \begin{pmatrix} 4 & 1 \\ 2 & 3 \end{pmatrix} \quad B = \begin{pmatrix} 1 & 3 \\ 2 & 1 \end{pmatrix}$$

4. 다음 행렬의 여인수와 수반행렬을 구하고 행렬식을 계산하여라.

$$A = \begin{pmatrix} 2 & 3 \\ 2 & 1 \end{pmatrix} \quad B = \begin{pmatrix} 1 & 2 & 3 \\ 1 & 0 & 1 \\ 2 & 4 & 1 \end{pmatrix}$$

5. 다음 행렬식의 값을 구하여라.

$$(1)\ \begin{vmatrix} 2 & 1 & 2 \\ 1 & 2 & 1 \\ 2 & 3 & 1 \end{vmatrix} \quad (2)\ \begin{vmatrix} 4 & 1 & 1 \\ 1 & -2 & 0 \\ 3 & 2 & 1 \end{vmatrix}$$

## 1.4 역행렬

이 절에서는 정방행렬의 역행렬 구하는 방법에 관하여 조사해 보자.

**정의 7 (역행렬)**

$n$차의 정방행렬 $A$에 대하여

$$AB = I = BA$$

를 만족하는 $n$차의 정방행렬 $B$가 존재할 때 $B$를 $A$의 **역행렬**(inverse matrix)이라 하고 $A^{-1}$로 표시한다.

**예제 1** 다음 행렬의 역행렬을 구하여라.

$$A = \begin{pmatrix} 1 & 3 \\ 2 & 0 \end{pmatrix}$$

【풀이】 $A$의 역행렬을 $A^{-1} = \begin{pmatrix} a & b \\ c & d \end{pmatrix}$라 하면 $AA^{-1} = I$ 이므로

$$\begin{pmatrix} 1 & 0 \\ 0 & 1 \end{pmatrix} = \begin{pmatrix} 1 & 3 \\ 2 & 0 \end{pmatrix}\begin{pmatrix} a & b \\ c & d \end{pmatrix} = \begin{pmatrix} a+3c & b+3d \\ 2a & 2b \end{pmatrix}$$

항등식을 풀면, $a=0,\ b=\frac{1}{2},\ c=\frac{1}{3},\ d=-\frac{1}{6}$ 이므로

$$A^{-1} = \begin{pmatrix} a & b \\ c & d \end{pmatrix} = \begin{pmatrix} 0 & \frac{1}{2} \\ \frac{1}{3} & -\frac{1}{6} \end{pmatrix} = -\frac{1}{6}\begin{pmatrix} 0 & -3 \\ -2 & 1 \end{pmatrix}$$

위 예제로부터 $ad-bc \neq 0$일 때 다음과 같이 $A = \begin{pmatrix} a & b \\ c & d \end{pmatrix}$의 역행렬 구하는 공식을 얻을 수 있다.

$$A^{-1} = \frac{1}{ad-bc}\begin{pmatrix} d & -b \\ -c & a \end{pmatrix}$$

$A=\begin{pmatrix} a & b \\ c & d \end{pmatrix}$의 여인수는 $A_{11}=d,\ A_{12}=-c,\ A_{21}=-b,\ A_{22}=a$이므로 여인수를 써서 역행렬 공식을 나타내면 다음과 같다.

$$A^{-1}=\frac{1}{|A|}\begin{pmatrix} A_{11} & A_{21} \\ A_{12} & A_{22} \end{pmatrix}$$

**예제 2** 다음 행렬의 역행렬을 구하여라.

$$A=\begin{pmatrix} 4 & 2 \\ 3 & 1 \end{pmatrix} \qquad B=\begin{pmatrix} 1 & 3 \\ 2 & 4 \end{pmatrix}$$

**【풀이】**

$$A^{-1}=\frac{1}{4\cdot 1-2\cdot 3}\begin{pmatrix} 1 & -2 \\ -3 & 4 \end{pmatrix}=-\frac{1}{2}\begin{pmatrix} 1 & -2 \\ -3 & 4 \end{pmatrix}$$

$$B^{-1}=\frac{1}{1\cdot 4-3\cdot 2}\begin{pmatrix} 4 & -3 \\ -2 & 1 \end{pmatrix}=-\frac{1}{2}\begin{pmatrix} 4 & -3 \\ -2 & 1 \end{pmatrix}$$

**문제 1** 다음 행렬의 역행렬을 구하여라.

$$A=\begin{pmatrix} 2 & 1 \\ 3 & 1 \end{pmatrix} \qquad B=\begin{pmatrix} 2 & 2 \\ 3 & 4 \end{pmatrix}$$

$$C=\begin{pmatrix} 6 & 5 \\ 3 & 1 \end{pmatrix} \qquad D=\begin{pmatrix} 2 & 3 \\ 3 & 4 \end{pmatrix}$$

역행렬을 갖는 행렬을 **정칙행렬**(non-singular matrix)이라 하고, 갖지 않는 행렬을 **특이행렬**(singular matrix)이라 한다.

**정리 10** $A$ 가 정칙행렬이면

(1) $A^{-1}$은 정칙행렬이고 $(A^{-1})^{-1}=A$

(2) $A^{n}$은 정칙행렬이고 $(A^{n})^{-1}=(A^{-1})^{n}$

(3) $(kA)^{n}$은 정칙행렬이고 $(kA)^{-1}=\frac{1}{k}A^{-1}$ (단, $k\neq 0$)

**정리 11 (역행렬)**

$n$차의 정방행렬 $A=(a_{ij})$가 정칙일 필요충분조건은 $|A| \neq 0$이고, $A$의 역행렬 $A^{-1}$은 다음과 같다.

$$A^{-1}=\frac{adj(A)}{|A|}=\frac{1}{|A|}\begin{pmatrix} A_{11} & A_{21} & \cdots & A_{n1} \\ A_{12} & A_{22} & \cdots & A_{n2} \\ \vdots & \vdots & \ddots & \vdots \\ A_{1n} & A_{2n} & \cdots & A_{nn} \end{pmatrix}$$

**예제 3** 다음 행렬의 역행렬을 구하여라.

$$A=\begin{pmatrix} 2 & 4 & 3 \\ 1 & 2 & 0 \\ 1 & 0 & 2 \end{pmatrix}$$

**【풀이】** $|A|=\begin{vmatrix} 2 & 4 & 3 \\ 1 & 2 & 0 \\ 1 & 0 & 2 \end{vmatrix}=-6 \neq 0$이고, 1.3절 예제 1에서

$adj(A)=\begin{pmatrix} 4 & -8 & -6 \\ -2 & 1 & 3 \\ -2 & 4 & 0 \end{pmatrix}$이므로

$$A^{-1}=\frac{adj(A)}{|A|}=-\frac{1}{6}\begin{pmatrix} 4 & -8 & -6 \\ -2 & 1 & 3 \\ -2 & 4 & 0 \end{pmatrix}$$

**문제 2** 다음 행렬의 역행렬을 구하여라.

$$A=\begin{pmatrix} 0 & 2 & 3 \\ 2 & 5 & 0 \\ 2 & 2 & 3 \end{pmatrix} \qquad B=\begin{pmatrix} 2 & 1 & 4 \\ 0 & 3 & 5 \\ 1 & 0 & 2 \end{pmatrix}$$

$$C=\begin{pmatrix} 5 & 2 & 1 \\ 2 & 3 & 0 \\ 1 & 2 & 0 \end{pmatrix} \qquad D=\begin{pmatrix} 1 & 2 & 3 \\ 0 & 3 & 1 \\ 1 & 0 & 2 \end{pmatrix}$$

**정리 12** $A, B$가 정칙행렬이면 $AB$도 정칙행렬이고

$$(AB)^{-1}=B^{-1}A^{-1}$$

## 1.5 1차 연립방정식

1차 연립방정식의 해를 규칙적으로 구하는 방법에 관하여 알아보자. 다음 연립방정식을 생각해보자.

$$\begin{cases} a_{11}x_1 + a_{12}x_2 + \cdots + a_{1n}x_n = b_1 \\ a_{21}x_1 + a_{22}x_2 + \cdots + a_{2n}x_n = b_2 \\ \qquad\qquad\vdots \\ a_{n1}x_1 + a_{n2}x_2 + \cdots + a_{nn}x_n = b_n \end{cases} \qquad (1)$$

위 식은 다음과 같이 행렬로 표시할 수 있다.

$$\begin{pmatrix} a_{11} & a_{12} & \cdots & a_{1n} \\ a_{21} & a_{22} & \cdots & a_{2n} \\ \vdots & \vdots & \ddots & \vdots \\ a_{n1} & a_{n2} & \cdots & a_{nn} \end{pmatrix} \begin{pmatrix} x_1 \\ x_2 \\ \vdots \\ x_n \end{pmatrix} = \begin{pmatrix} b_1 \\ b_2 \\ \vdots \\ b_n \end{pmatrix} \qquad (2)$$

$$A = \begin{pmatrix} a_{11} & a_{12} & \cdots & a_{1n} \\ a_{21} & a_{22} & \cdots & a_{2n} \\ \vdots & \vdots & \ddots & \vdots \\ a_{n1} & a_{n2} & \cdots & a_{nn} \end{pmatrix}, \quad X = \begin{pmatrix} x_1 \\ x_2 \\ \vdots \\ x_n \end{pmatrix}, \quad B = \begin{pmatrix} b_1 \\ b_2 \\ \vdots \\ b_n \end{pmatrix}$$

라 하면 연립방정식은

$$AX = B \qquad (3)$$

와 같이 쓸 수 있고 $A$가 정칙이면 식 (3)의 양변 왼쪽에 $A^{-1}$를 곱하면 $X = A^{-1}B$ 이다. 여기서 $A = (a_{ij}) \in M_{n\times n}$을 **계수행렬**, $X = (x_i) \in M_{n\times 1}$을 **변수행렬**, $B = (b_i) \in M_{n\times 1}$을 **상수행렬**이라 한다.

**정리 13** $A = (a_{ij}) \in M_{n\times n}$, $X = (x_i) \in M_{n\times 1}$, $B = (b_i) \in M_{n\times 1}$이고 $|A| \neq 0$이면 1차 연립방정식 $AX = B$의 해는 $X = A^{-1}B$ 이다.

**예제 1** 다음 연립방정식을 역행렬을 이용하여 풀어라.

(1) $\begin{cases} 2x+y=1 \\ 3x+y=2 \end{cases}$ (2) $\begin{cases} x+\ y\ +\ z\ =1 \\ x+2y+2z=0 \\ x+4y+5z=1 \end{cases}$

**【풀이】** (1) $A=\begin{pmatrix} 2 & 1 \\ 3 & 1 \end{pmatrix}$, $X=\begin{pmatrix} x \\ y \end{pmatrix}$, $B=\begin{pmatrix} 1 \\ 2 \end{pmatrix}$라 하면

$A^{-1}=\begin{pmatrix} 1 & -1 \\ -3 & 2 \end{pmatrix}$이므로

$$X=A^{-1}B=-\begin{pmatrix} 1 & -1 \\ -3 & 2 \end{pmatrix}\begin{pmatrix} 1 \\ 2 \end{pmatrix}=\begin{pmatrix} 1 \\ -1 \end{pmatrix}$$

따라서, 해는 $x=1$, $y=-1$이다.

(2) $A=\begin{pmatrix} 1 & 1 & 1 \\ 1 & 2 & 2 \\ 1 & 4 & 5 \end{pmatrix}$, $X=\begin{pmatrix} x \\ y \\ z \end{pmatrix}$, $B=\begin{pmatrix} 1 \\ 0 \\ 1 \end{pmatrix}$라 하면

$A^{-1}=\begin{pmatrix} 2 & -1 & 0 \\ -3 & 4 & -1 \\ 2 & 3 & 1 \end{pmatrix}$이므로

$$X=A^{-1}B=\begin{pmatrix} 2 & -1 & 0 \\ -3 & 4 & -1 \\ 2 & 3 & 1 \end{pmatrix}\begin{pmatrix} 1 \\ 0 \\ 1 \end{pmatrix}=\begin{pmatrix} 2 \\ -4 \\ 3 \end{pmatrix}$$

따라서, 해는 $x=2$, $y=-4$, $z=3$이다.

**문제 1** 다음 연립방정식을 역행렬을 이용하여 풀어라.

(1) $\begin{cases} 2x+5y=3 \\ x+3y=2 \end{cases}$ (2) $\begin{cases} x+y+\ z=1 \\ 2x-y+\ z=1 \\ x+y+3z=2 \end{cases}$

2원 일차 연립방정식 $\begin{cases} a_1x+b_1y=c_1 \\ a_2x+b_2y=c_2 \end{cases}$ 의 해는

$$x=\frac{\begin{vmatrix} c_1 & b_1 \\ c_2 & b_2 \end{vmatrix}}{\begin{vmatrix} a_1 & b_1 \\ a_2 & b_2 \end{vmatrix}},\quad y=\frac{\begin{vmatrix} a_1 & c_1 \\ a_2 & c_2 \end{vmatrix}}{\begin{vmatrix} a_1 & b_1 \\ a_2 & b_2 \end{vmatrix}}\quad \left(\begin{vmatrix} a_1 & b_1 \\ a_2 & b_2 \end{vmatrix} \neq 0 \text{일때}\right)$$

로 규칙적으로 표시됨을 1.3절에서 증명하였다. 이를 일반화하면 다음과 같은 정리를 얻을 수 있다.

**정리 14 (Cramer의 법칙)**

연립방정식 (1)의 계수행렬을 $A$, 상수행렬을 $B$ 라하고, 행렬 $A_i$를 계수행렬 $A$의 $i$번째 열을 상수행렬 $B$로 바꾼 행렬이라 하자. $|A|\neq 0$이면 연립방정식 $AX=B$의 해는 다음과 같다.

$$x_1=\frac{|A_1|}{|A\;|},\quad x_2=\frac{|A_2|}{|A\;|},\quad \cdots,\quad x_n=\frac{|A_n|}{|A\;|}$$

**예제 2** 다음 연립방정식을 Cramer의 법칙을 이용하여 풀어라.

$$(1)\ \begin{cases} 2x+5y=5 \\ 3x+6y=6 \end{cases}\qquad (2)\ \begin{cases} 2x+\ y+\ z=1 \\ \ \ x-\ y+\ z=1 \\ 2x+\ y+2z=0 \end{cases}$$

**【풀이】** (1) $A=\begin{pmatrix} 7 & 2 \\ 3 & 6 \end{pmatrix},\quad A_1=\begin{pmatrix} 5 & 5 \\ 6 & 6 \end{pmatrix},\quad A_2=\begin{pmatrix} 2 & 5 \\ 3 & 6 \end{pmatrix}$

에서 $|A|=|A_2|=-3, |A_1|=0$ 이므로

$$x=\frac{|A_1|}{|A\;|}=0,\quad y=\frac{|A_2|}{|A\;|}=1$$

(2) $A=\begin{pmatrix} 2 & 1 & 1 \\ 1 & -1 & 1 \\ 2 & 1 & 2 \end{pmatrix},\quad A_1=\begin{pmatrix} 1 & 1 & 1 \\ 1 & -1 & 1 \\ 0 & 1 & 2 \end{pmatrix}$

$$A_2=\begin{pmatrix} 2 & 1 & 1 \\ 1 & 1 & 1 \\ 2 & 0 & 2 \end{pmatrix},\quad A_3=\begin{pmatrix} 2 & 1 & 1 \\ 1 & -1 & 1 \\ 2 & 1 & 0 \end{pmatrix}$$

에서 $|A| = -3$, $|A_1| = -4$, $|A_2| = 2$, $|A_3| = 3$이므로

$$x = \frac{|A_1|}{|A\ |} = \frac{4}{3},\quad y = \frac{|A_2|}{|A\ |} = -\frac{2}{3},\quad z = \frac{|A_3|}{|A\ |} = -1$$

**문제 2** 다음 연립방정식을 Cramer의 법칙을 이용하여 풀어라.

(1) $\begin{cases} 3x+4y=1 \\ 2x+2y=2 \end{cases}$  (2) $\begin{cases} 3x-2y+z=2 \\ x+y-z=2 \\ x-y+3z=1 \end{cases}$

## 연습문제

1\. 다음 연립방정식을 역행렬을 이용하여 풀어라.

(1) $\begin{cases} x+4y=1 \\ 2x+y=0 \end{cases}$  (2) $\begin{cases} 2x-y+z=4 \\ x+y-2z=2 \\ x-y+z=1 \end{cases}$

2\. 다음 연립방정식을 Cramer의 법칙을 이용하여 풀어라.

(1) $\begin{cases} 3x+4y=2 \\ 2x+2y=3 \end{cases}$  (2) $\begin{cases} 2x+y+z=0 \\ x+y-z=2 \\ 3x-y+3z=1 \end{cases}$

3\. Cramer의 법칙을 이용하여 $y$값을 구하여라.

(1) $\begin{cases} 2x+y+z+w=1 \\ x+2y+z+w=2 \\ x+y+z+2w=1 \\ x+y+2z+w=1 \end{cases}$

(2) $\begin{cases} x+y+z+3w=3 \\ x+3y+z+w=1 \\ 3x+y+z+w=1 \\ x+y+3z+w=1 \end{cases}$

## 1.6 고윳값과 고유벡터

공학문제를 풀다보면 다음 식과 같은 형태의 방정식이 유도되는 경우가 있다.

$$\begin{cases} a_{11}x_1 + a_{12}x_2 + \cdots + a_{1n}x_n = \lambda x_1 \\ a_{21}x_1 + a_{22}x_2 + \cdots + a_{2n}x_n = \lambda x_2 \\ \vdots \\ a_{n1}x_1 + a_{n2}x_2 + \cdots + a_{nn}x_n = \lambda x_n \end{cases} \qquad (1)$$

여기서 $a_{ij}$ 는 상수이고, $\lambda$는 스칼라이며, $x_i$ 는 미지수이다.
식 (1)을 행렬방정식으로 나타내면 다음과 같다.

$$AX = \lambda X \quad \text{또는} \quad (A - \lambda I)X = 0 \qquad (2)$$

여기서 $A = \begin{pmatrix} a_{11} & a_{12} & \cdots & a_{1n} \\ a_{21} & a_{22} & \cdots & a_{2n} \\ \vdots & \vdots & \ddots & \vdots \\ a_{n1} & a_{n2} & \cdots & a_{nn} \end{pmatrix}, \quad X = \begin{pmatrix} x_1 \\ x_2 \\ \vdots \\ x_n \end{pmatrix}$

식 (2)에서 $X$가 0이 아닌 근을 갖기 위해서는 $X$의 계수행렬인 $(A - \lambda I)$의 행렬식이 0이어야 한다. 즉,

$$|A - \lambda I| = 0 \qquad (3)$$

이때 $|A - \lambda I| = 0$을 행렬 $A$의 **특성방정식**(characteristic equation)이라고 한다. 행렬식 $|A - \lambda I| = 0$은 $\lambda$에 관한 $n$차의 다항식이며 다항식의 근 $\lambda_1, \lambda_2, \cdots, \lambda_n$을 행렬 $A$의 **고윳값**(eigen value)이라고 한다. 또한 각각의 고윳값 $\lambda_i$에 대하여 $AX = \lambda_i X$ 을 만족하는 $X_i$을 각 특성근 $\lambda_i$에 대한 행렬 $A$의 **고유벡터**(eigen vector)라고 한다.

**예제 1** 다음 행렬의 고윳값과 고유벡터를 구하여라.

$$A=\begin{pmatrix}1 & 4\\ 3 & 2\end{pmatrix}$$

【풀이】 $A-\lambda I=\begin{pmatrix}1 & 4\\ 3 & 2\end{pmatrix}-\lambda\begin{pmatrix}1 & 0\\ 0 & 1\end{pmatrix}=\begin{pmatrix}1-\lambda & 4\\ 3 & 2-\lambda\end{pmatrix}$

이고 특성방정식은

$$|A-\lambda I|=\begin{vmatrix}1-\lambda & 4\\ 3 & 2-\lambda\end{vmatrix}=0$$

이다. 이를 정리하면 $\lambda^2-3\lambda-10=0$이므로 고윳값은 $\lambda=-2, 5$이다.

① $\lambda=-2$ 일 때

$$\begin{pmatrix}1-(-2) & 4\\ 3 & 2-(-2)\end{pmatrix}\begin{pmatrix}x_1\\ x_2\end{pmatrix}=\begin{pmatrix}0\\ 0\end{pmatrix}$$

또는 $3x_1+4x_2=0$이다.

따라서 $\lambda=-2$에 대한 고유벡터는

$$X=\begin{pmatrix}x_1\\ x_2\end{pmatrix}=\begin{pmatrix}-4\\ 3\end{pmatrix}$$

② $\lambda=5$ 일 때

$$\begin{pmatrix}1-5 & 4\\ 3 & 2-5\end{pmatrix}\begin{pmatrix}x_1\\ x_2\end{pmatrix}=\begin{pmatrix}0\\ 0\end{pmatrix}$$

또는 $x_1-x_2=0$이다.

따라서 $\lambda=5$에 대한 고유벡터는

$$X=\begin{pmatrix}x_1\\ x_2\end{pmatrix}=\begin{pmatrix}-1\\ 1\end{pmatrix}$$

**문제 1** 다음 행렬의 고윳값과 고유벡터를 구하여라.

$$A=\begin{pmatrix}6 & -5\\ 3 & -2\end{pmatrix}$$

**예제 2** 다음 행렬의 고윳값과 고유벡터를 구하여라.

$$A = \begin{pmatrix} 1 & 4 & 1 \\ 2 & 1 & 0 \\ -1 & 3 & 1 \end{pmatrix}$$

**【풀이】**

$$A - \lambda I = \begin{pmatrix} 1 & 4 & 1 \\ 2 & 1 & 0 \\ -1 & 3 & 1 \end{pmatrix} - \lambda \begin{pmatrix} 1 & 0 & 0 \\ 0 & 1 & 0 \\ 0 & 0 & 1 \end{pmatrix}$$

$$= \begin{pmatrix} 1-\lambda & 4 & 1 \\ 2 & 1-\lambda & 0 \\ -1 & 3 & 1-\lambda \end{pmatrix}$$

이고 특성방정식은

$$|A - \lambda I| = \begin{vmatrix} 1-\lambda & 4 & 1 \\ 2 & 1-\lambda & 0 \\ -1 & 3 & 1-\lambda \end{vmatrix} = 0$$

이다. 이를 정리하면 $(1-\lambda)^3 - 7(1-\lambda) + 6 = 0$ 이다.

따라서 고윳값은 $\lambda = 0, -1, 4$ 이다.

① $\lambda = 0$ 일 때

$$\begin{pmatrix} 1 & 4 & 1 \\ 2 & 1 & 0 \\ -1 & 3 & 1 \end{pmatrix} \begin{pmatrix} x_1 \\ x_2 \\ x_3 \end{pmatrix} = \begin{pmatrix} 0 \\ 0 \\ 0 \end{pmatrix}$$

또는 $\begin{cases} x_1 + 4x_2 + x_3 = 0 \\ 2x_1 + x_2 = 0 \end{cases}$

따라서 $\lambda = 0$ 에 대한 고유벡터는

$$X = \begin{pmatrix} x_1 \\ x_2 \\ x_3 \end{pmatrix} = \begin{pmatrix} 1 \\ -2 \\ 7 \end{pmatrix}$$

② $\lambda = -1$ 일 때

$$\begin{pmatrix} 1-(-1) & 4 & 1 \\ 2 & 1-(-1) & 0 \\ -1 & 3 & 1-(-1) \end{pmatrix} \begin{pmatrix} x_1 \\ x_2 \\ x_3 \end{pmatrix} = \begin{pmatrix} 0 \\ 0 \\ 0 \end{pmatrix}$$

또는 $\begin{cases} 2x_1 + 4x_2 + x_3 = 0 \\ 2x_1 + 2x_2 \qquad\quad = 0 \end{cases}$

따라서 에 $\lambda = -1$ 대한 고유벡터는

$$X = \begin{pmatrix} x_1 \\ x_2 \\ x_3 \end{pmatrix} = \begin{pmatrix} 1 \\ -1 \\ 2 \end{pmatrix}$$

③ $\lambda = 4$ 일 때

$$\begin{pmatrix} 1-4 & 4 & 1 \\ 2 & 1-4 & 0 \\ -1 & 3 & 1-4 \end{pmatrix} \begin{pmatrix} x_1 \\ x_2 \\ x_3 \end{pmatrix} = \begin{pmatrix} 0 \\ 0 \\ 0 \end{pmatrix}$$

또는 $\begin{cases} -3x_1 + 4x_2 + x_3 = 0 \\ \quad 2x_1 - 3x_2 \qquad = 0 \end{cases}$

따라서 $\lambda = 4$에 대한 고유벡터는

$$X = \begin{pmatrix} x_1 \\ x_2 \\ x_3 \end{pmatrix} = \begin{pmatrix} 3 \\ 2 \\ 1 \end{pmatrix}$$

**문제 2** 다음 행렬의 고윳값과 고유벡터를 구하여라.

$$A = \begin{pmatrix} 2 & 1 & 1 \\ 2 & 3 & 2 \\ 1 & 1 & 2 \end{pmatrix}$$

## 연습문제

1. 다음 행렬의 전치행렬을 구하여라.

$$A = \begin{pmatrix} 4 & 1 & 3 \\ 2 & 4 & 2 \\ 1 & 0 & 2 \end{pmatrix} \qquad B = \begin{pmatrix} 1 & 3 & 2 \\ 2 & 3 & 6 \end{pmatrix} \qquad C = \begin{pmatrix} 2 & 4 \\ 1 & 8 \\ 2 & 1 \end{pmatrix}$$

2. 행렬 $A=\begin{pmatrix} 2 & 1 & 2 \\ 1 & 3 & 2 \end{pmatrix}$, $B=\begin{pmatrix} 0 & 3 & 1 \\ 1 & 3 & 0 \end{pmatrix}$일 때 $2A$, $2A-B$, $A+2B$를 계산하여라.

3. 다음 행렬의 곱을 계산하여라.

(1) $A=\begin{pmatrix} 2 & 1 & 2 \\ 1 & 0 & 7 \end{pmatrix}$ $\quad B=\begin{pmatrix} 1 & 3 \\ 4 & 0 \\ 2 & 2 \end{pmatrix}$

(2) $A=\begin{pmatrix} 2 & 2 \\ 4 & 1 \end{pmatrix}$ $\quad B=\begin{pmatrix} 2 & 0 \\ 1 & 4 \end{pmatrix}$

4. 다음 행렬의 여인수와 수반행렬을 구하여라.

(1) $\begin{pmatrix} 3 & 1 \\ 2 & 5 \end{pmatrix}$ (2) $\begin{pmatrix} 4 & 2 & 3 \\ 2 & 3 & 1 \\ 4 & 2 & 1 \end{pmatrix}$ (3) $\begin{pmatrix} 1 & 2 & 3 \\ 4 & 5 & 0 \\ 6 & 0 & 0 \end{pmatrix}$

5. 다음 행렬식의 값을 구하여라.

(1) $\begin{vmatrix} 1 & 2 & 1 \\ 0 & 1 & 3 \\ 2 & 3 & 1 \end{vmatrix}$ (2) $\begin{vmatrix} 2 & 2 & 1 \\ 1 & -2 & 1 \\ 4 & 4 & 1 \end{vmatrix}$ (3) $\begin{vmatrix} 2 & 1 & 1 \\ 1 & -2 & 0 \\ 3 & 2 & 1 \end{vmatrix}$

(4) $\begin{vmatrix} 2 & 0 & 1 \\ 1 & 1 & 5 \\ 2 & 6 & 1 \end{vmatrix}$ (5) $\begin{vmatrix} 1 & 4 & 1 \\ 1 & -2 & 0 \\ 0 & 4 & 2 \end{vmatrix}$ (6) $\begin{vmatrix} 3 & 1 & 1 & 1 \\ 1 & 3 & 1 & 1 \\ 1 & 1 & 1 & 3 \\ 1 & 1 & 3 & 1 \end{vmatrix}$

6. 정방행렬은 대칭행렬과 교대행렬의 합으로 표시됨을 증명하여라.

7. 다음 행렬의 역행렬을 구하여라.

(1) $\begin{pmatrix} 3 & 2 & 2 \\ 2 & 3 & 2 \\ 2 & 2 & 3 \end{pmatrix}$ (2) $\begin{pmatrix} 1 & 0 & 3 \\ 0 & 3 & 5 \\ 1 & 0 & 2 \end{pmatrix}$ (3) $\begin{pmatrix} 2 & 0 & 0 \\ 0 & 1 & 0 \\ 0 & 0 & 3 \end{pmatrix}$

8. 다음 연립방정식을 역행렬을 이용하여 풀어라.

(1) $\begin{cases} 2x+3y=1 \\ 3x+4y=2 \end{cases}$  (2) $\begin{cases} 2x-y+z=2 \\ 2x+3y+z=1 \\ x+y+2z=3 \end{cases}$

9. 다음 연립방정식을 Cramer의 법칙을 이용하여 풀어라.

(1) $\begin{cases} 2x+4y=1 \\ 3x+2y=3 \end{cases}$  (2) $\begin{cases} 2x+3y+z=2 \\ x+y-z=2 \\ x+y+3z=1 \end{cases}$

10. 다음 행렬에 관하여 정리 2의 (1)와 (2)가 성립함을 확인하여라.

$$A=\begin{pmatrix} 1 & 1 \\ 2 & 1 \\ 0 & 3 \end{pmatrix} \quad B=\begin{pmatrix} 0 & 2 \\ 1 & 1 \end{pmatrix} \quad C=\begin{pmatrix} 1 & 2 \\ 1 & 0 \end{pmatrix}$$

11. 행렬 A, B와 전치행렬 사이에 다음관계가 성립함을 증명하여라.

(1) $(A+B)^t = A^t + B^t$  (2) $(A^t)^t = A$

(3) $(kA)^t = kA^t,\ k \in R$  (4) $(AB)^t = B^t A^t$

12. 정칙행렬 A, B에 대하여 다음 성질이 성립함을 증명하여라.

(1) $(AB)^{-1} = B^{-1}A^{-1}$  (2) $(A^{-1})^{-1} = A$

(3) $(kA)^{-1} = \frac{1}{k}A^{-1},\ k \in R$

13. 다음 행렬의 고윳값과 고유벡터를 구하여라.

$$A=\begin{pmatrix} 1 & 2 \\ 3 & 2 \end{pmatrix} \qquad B=\begin{pmatrix} -1 & 2 & 1 \\ 2 & -2 & 2 \\ 1 & 2 & -1 \end{pmatrix}$$

# 제2장 함수

## 2.1 함수의 정의

**정의 1 (함수의 정의)**
두 집합 $X, Y$에서 $X$의 각 원소에 $Y$의 원소가 오직 하나씩 대응하는 관계를 $X$에서 $Y$로의 **함수**(function)라 한다.

함수는 보통 $f, g, h$등의 문자로 나타내고 $X$에서 $Y$로의 함수 $f$를 $f: X \to Y$로 나타내며 $X, Y$를 각각 $f$의 **정의역**(domain), **공역**(codomain)이라 한다. 함수 $f$에 의하여 $X$의 원소 $x$에 $Y$의 원소 $y$가 대응하는 것을 $y = f(x)$로 나타내고 $y$는 $x$의 함수라 한다. 이때 $y$를 $f$에 의한 $x$의 **상**(image) 또는 **함숫값**이라 하고 $f(x)$로 나타낸다. 또, $y$에 대하여 $x$를 **역상**(inverse image)이라 하고 $x$를 **독립변수**, $y$를 **종속변수**라고 한다. $X$의 각 원소에 대응하는 함숫값 $f(x)$전체의 집합 $\{f(x) \mid x \in X\}$을 함수 $f$의 **치역**(range)이라 하며 $f(X)$로 표현한다.

**예제 1** 다음 함수의 정의역과 공역을 구하여라.

(1) $f(x) = x^2 + 3$ (2) $f(x) = \sqrt{x-2} + 3$

(3) $f(x) = \dfrac{1}{x} + 1$ (4) $f(x) = |x| + 2$

【풀이】 (1) 정의역 : $\{x \mid x$는 실수$\}$, 치역 : $\{y \mid y \geq 3\}$
(2) 정의역 : $\{x \mid x \geq 2\}$, 치역 : $\{y \mid y \geq 3\}$
(3) 정의역 : $\{x \mid x \neq 0\}$, 치역 : $\{y \mid y \neq 1\}$
(4) 정의역 : $\{x \mid x$는 실수$\}$, 치역 : $\{y \mid y \geq 2\}$

**문제 1** 다음 함수의 정의역과 공역을 구하여라.

(1) $f(x) = x^2 - 1$ (2) $f(x) = \sqrt{x+1} + 2$

(3) $f(x) = \dfrac{|x|}{x} + 1$ (4) $f(x) = |x| - 3$

두 함수 $f : X \to Y$, $g : S \to T$에서 $X = S$이고, $X$에 속하는 임의의 원소 $x$에 대하여 $f(x) = g(x)$이면 두 함수 $f$, $g$는 **같다** 하고 $f = g$로 나타낸다.

**정의 2 (함수의 종류)**

함수 $f : X \to Y$, $y = f(x)$가 주어져 있을 때

(1) $f$ : 전사함수 $\Leftrightarrow$ $\{f(x) \mid x \in X\} = Y$

(2) $f$ : 단사함수 $\Leftrightarrow$ $X$의 임의의 원소 $x_1$, $x_2$에 대하여

$x_1 \neq x_2$이면 $f(x_1) \neq f(x_2)$

(3) $f$ : 전단사함수(일대일대응함수) $\Leftrightarrow$ $f$ : 전사함수 이고 단사함수

(4) $f$ : 항등함수 $\Leftrightarrow$ $X$의 임의의 원소 $x$에 대하여 $f(x) = x$

(5) $f$ : 상수함수 $\Leftrightarrow$ $X$의 모든 원소가 $Y$의 원소 오직 하나에만 대응

(6) $f$ : 우함수 $\Leftrightarrow$ $f(x) = f(-x)$

(7) $f$ : 기함수 $\Leftrightarrow$ $f(x) = -f(-x)$

**예제 2** (1) $y = 5$은 상수함수이다.

(2) $y = x$은 항등함수이며 전단사함수이다.

(3) $y = x+2$은 전단사함수이다.

(4) $y = \sqrt{x-2}$ 은 정의역 $\{x \mid x \geq 2\}$인 단사함수이다.

(5) $f(x) = x^2$ 은 우함수이고, $f(x) = x^3$ 기함수이다.

**정의 3 (합성함수)**

함수 $f: X \to Y$, $g: Y \to Z$가 주어져 있을 때 $g \circ f(x) = g(f(x))$로 정의되는 새로운 함수 $g \circ f: X \to Z$를 $f$와 $g$의 **합성함수**라 한다.

**정의 4 (역함수)**

함수 $f: X \to Y$가 전단사함수이고, 임의의 $x \in X$에 대하여 $y = f(x)$일 때 $g: Y \to X$, $g(y) = x$인 함수 $g$를 $f$의 **역함수**라 하고 $g = f^{-1}$로 나타낸다.

**정의 5 (함수의 그래프)**

함수 $f: X \to Y$에 대하여, 정의역 $X$의 원소 $x$와 함숫값 $f(x)$의 순서쌍 $(x, f(x))$ 전체 집합을 함수 $f$의 **그래프**라 하고 다음과 같이 표현한다.

$$G(f) = \{(x, f(x)) \mid x \in X\}$$

**예제 3** (1) $f(x) = 2x+1$, $g(x) = x+2$ 일 때,

$$g \circ f(x) = g(f(x)) = g(2x+1) = 2x+1+2 = 2x+3$$

$$f \circ g(x) = f(g(x)) = f(x+2) = 2(x+2)+1 = 2x+5$$

(2) $f(x) = 2x+1$ 의 역함수를 구하여 보자.

$y = 2x+1$ 에서 $x = \frac{1}{2}(y-1)$,

$x$와 $y$를 바꾸면 $y = \frac{1}{2}(x-1)$ 이다.

$$\therefore f^{-1}(x) = \frac{1}{2}(x-1)$$

(3) 두 집합 $X=\{0, 1, 2\}$, $Y=\{0, 1, 2, 3, 4\}$에 대하여
함수 $f: X \to Y$, $f(x)=|2x-3|$라 하면
$G(f)=\{(0, 3), (1, 1), (2, 1)\}$이고

일반적으로 절댓값 기호가 있는 함수의 그래프는 다음과 같은 방법으로 쉽게 그릴 수 있다.

(1) 함수 $y=f(|x|)$의 그래프
① $y=f(x)$ $(x \geq 0)$을 그린다. ② $y$축에 대칭으로 그린다.

(2) $|y|=f(x)$의 그래프
① $y=f(x)$ $(y \geq 0)$을 그린다. ② $x$축에 대칭으로 그린다.

(3) $|y|=f(|x|)$의 그래프
① $y=f(x)$ $(x, y \geq 0)$을 그린다. ② $x, y$축, 원점에 대칭으로 그린다.

(4) 함수 $y=|f(x)|$의 그래프
① $y=f(x)$을 그린다. ② $x$축 밑의 그래프를 꺾어 올린다

**예제 4** $y=x-1$에 절댓값이 있는 그래프

(1) $y=|x|-1$ (2) $|y|=x-1$ (3) $|y|=|x|-1$ (4) $y=|x-1|$

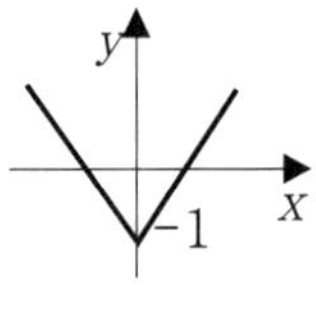

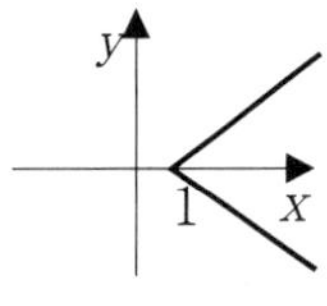

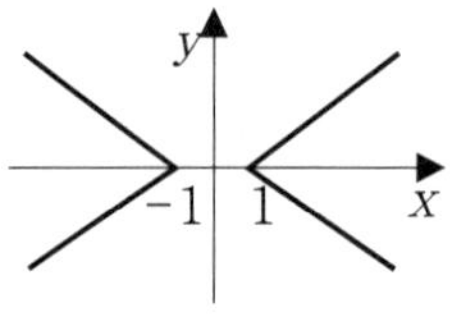

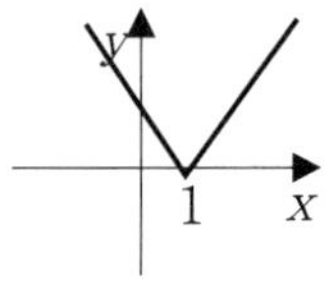

# 연 습 문 제

1. $f(x)=x-1$ , $g(x)=5x+2$ 일 때, $g \circ f$와 $f \circ g$를 구하여라.

2. 두 함수 $f(x)=2x+1$ , $g(x)=x+k$ 에 대하여 $g \circ f = f \circ g$가 성립하도록 상수 $k$의 값를 구하여라.

3. $f(x)=2x+3$ 의 역함수를 구하여라.

4. $f(x)=x+1$ , $g(x)=-2x+5$ 에 대하여 $(g^{-1} \circ f)(a)=2$ 인 $a$를 구하여라.

5. $f(x)=ax+b$ 일 때, $f(1)=3$ 이고 $f^{-1}(9)=-1$ 을 만족하는 상수 $a, b$를 구하여라.

6. $f: x \to 2x+1$, $g: x \to (x+2)$ 일 때, $g^{-1} \circ f^{-1}$을 구하여라.

7. $f(x)=x^2-3x\ (x \geq 2)$ 일 때, $f^{-1}(3)$의 값을 구하여라.

8. $f(x)=x^2+2$ 이 우함수임을 증명하여라.

9. $f(x)=x^3$ 이 기함수임을 증명하여라.

10. $f(x)=x^2-x-6$ 일 때 함수 $y=f(|x|)$의 그래프를 그려라.

## 2.2 1차 함수의 그래프

함수 $y=f(x)$가 $x$에 대한 일차식 $y=ax+b(a\neq 0)$의 형태로 표현되는 함수를 **1차함수**라 한다. 1차함수의 그래프 모양은 직선이다.

(1) 그래프의 $x$절편과 $y$절편

① $x$절편 : 함수의 그래프가 $x$축과 만나는 점의 $x$좌표

⇨ $y=0$ 일 때 $x$값을 구한다.

② $y$절편 : 함수의 그래프가 $y$축과 만나는 점의 $y$좌표

⇨ $x=0$ 일 때 $y$값을 구한다.

(2) 일차함수 $y=ax+b(a\neq 0)$의 그래프

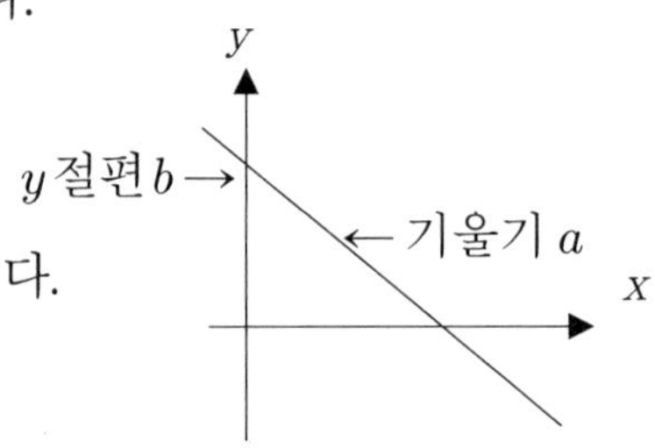


① 기울기가 $a$이고, $y$절편이 $b$인 직선이다.

② $x$절편은 $-\dfrac{b}{a}$이다.

(3) 축에 평행한 방정식의 그래프

① $x=a$의 그래프

⇨ 점 $(a, 0)$을 지나고, $y$축에 평행한 그래프

② $y=b$의 그래프

⇨ 점 $(0, b)$을 지나고, $x$축에 평행한 그래프

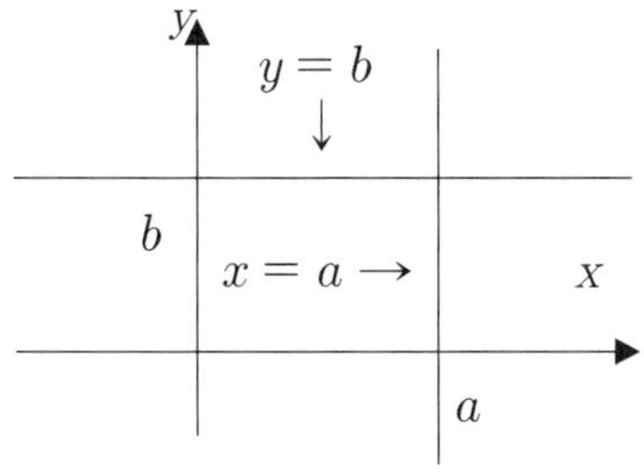


**예제 1** 함수 ① $y = x+3$ ② $y = x^2+3x+2$ ③ $y=7$의 $x$절편과 $y$절편을 구하여라.

【풀이】 ① $x$절편 $-3$, $y$절편 3 ② $x$절편 $-1$과 $-2$, $y$절편 2
③ $x$절편 없다, $y$절편 7

**예제 2** 다음 함수의 그래프를 그리시오.

① $y = 3$ ② $y = x-1$ ③ $y = -\frac{3}{2}x$

【풀이】

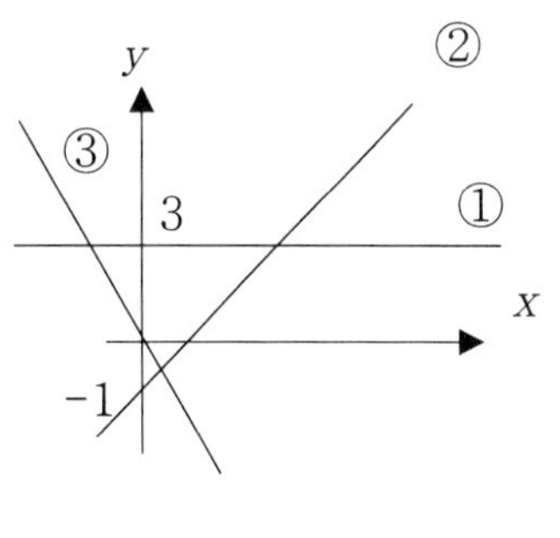

**예제 3** (1) 기울기가 5이고, $y$절편이 3인 직선의 방정식은

$y = 5x + 3$ 이다.

(2) 기울기가 3이고, 한 점 (3, 1)을 지나는 직선의

방정식은 $y - 1 = 3(x - 3) \Leftrightarrow y = 3x - 10$

(3) 두 점 (2, 1), (4, 3)을 지나는 직선의 방정식은

$$y - 1 = \frac{3 - 1}{4 - 2}(x - 2) \Leftrightarrow y = x - 1$$

(4) $x$절편이 $-2$이고, $y$절편이 3인 직선의 방정식은

$$y = \frac{3}{2}x + 3 \Leftrightarrow \frac{x}{-2} + \frac{y}{3} = 1$$

## 연 습 문 제

1. 기울기가 $-\frac{2}{3}$이고, 한 점 $(2,\ 1)$을 지나는 직선의 방정식을 구하고 그래프를 그리시오.

2. 두 점 $(-1, 2)$, $(2, 4)$을 지나는 직선의 방정식을 구하고 그래프를 그리시오.

3. 점 $(3, a)$, $(b, 1)$이 $y = x + 1$ 위의 점일 때 $a + b$의 값은?

4. 일차함수 $y = ax + 2$의 $x$절편이 3일 때 $a$의 값을 구하여라.

5. $x$절편이 3, $y$절편이 2인 직선의 방정식을 구하여라.

6. 일차함수 $y = -2x + 3$에 평행하고 $x$절편이 2인 직선의 방정식을 구하고 그래프를 그리시오.

7. 일차함수 $y = -2x + 5$에 수직이고 $(1, 2)$을 지나는 직선의 방정식을 구하고 그래프를 그리시오.

8. 기울기가 2이고, $y$절편이 $\frac{1}{3}$인 직선의 방정식을 구하고 그래프를 그리시오.

## 2.3 2차 함수의 그래프

함수 $y=f(x)$가 $x$에 대한 이차식 $y=ax^2+bx+c\,(a\neq 0)$의 형태로 표현되는 함수를 2차함수라 한다. 2차함수의 그래프 모양은 포물선이다.

(1) 이차함수 $y=ax^2+bx+c=a(x-m)^2+n\,(a\neq 0)$의 그래프

① $a>0$일 때 아래로 볼록, $a<0$이면 위로 볼록인 포물선

② 대칭축 : $x=m=-\dfrac{b}{2a}$

③ 꼭지점 : $(m,\ n)=\left(-\dfrac{b}{2a},\ -\dfrac{b^2-4ac}{4a}\right)$

(2) 이차함수 $y=a(x-\alpha)(x-\beta)\,(a\neq 0)$의 그래프

⇨ $x$ 절편이 $\alpha, \beta$인 포물선이다.

(3) 이차함수 $y=ax^2+bx+c\,(a\neq 0)$의 그래프는 다음순서로 그린다.

① $y=a(x-m)^2+n$ 의 형태로 변형한다.

② 꼭지점의 좌표 $(m,\ n)$를 찾는다.

③ $a>0$이면 아래로 볼록, $a<0$이면 위로 볼록인 포물선을 그린다.

**예제 1** (1) 이차함수 $y=2x^2+8x+3$은

$2x^2+8x+3=2(x+2)^2-5$ 이므로

$y=2(x+2)^2-5$로 변형되며 꼭지점이 $(-2,\ -5)$이고 아래로 볼록한 포물선이다.

(2) 이차함수 $y=-(x-1)(x-2)$은 $x$ 절편이 1, 2이며 위로 볼록한 포물선이다.

**예제 2** 다음 함수의 그래프를 그리시오.

(1) $y = (x-2)^2 + 1$　(2) $y = 3(x-1)^2$

(3) $y = -\frac{1}{3}x^2$　(4) $y = \frac{1}{2}x^2 - 2$

【풀이】 (1) 꼭지점이 $(2, 1)$ 이고 아래로 볼록한 포물선

(2) 꼭지점이 $(1, 0)$ 이고 아래로 볼록한 포물선

(3) 꼭지점이 $(0, 0)$ 이고 위로 볼록한 포물선

(4) 꼭지점이 $(0, -2)$ 이고 아래로 볼록한 포물선

**문제 1** 다음 함수의 그래프를 그리시오.

(1) $y = -x^2 + 6x$　(2) $y = 3x^2 + 6x$

(3) $y = x^2 + 4x + 3$　(4) $y = \frac{1}{2}x^2 - 1$

**예제 3** (1) 꼭지점이 $(1, 2)$ 이고 점$(2, 4)$을 지나는 이차함수는

$y = a(x-1)^2 + 2$에 점 $(2, 4)$을 대입하면 $a = 2$이다.

$\therefore\ y = 2(x-1)^2 + 2$

(2) $x$축과의 교점이 $(1, 0)$, $(2, 0)$이고 점$(3, 6)$을 지나는 이차함수는 $y = a(x-1)(x-2)$ 에 점$(3, 6)$을 대입하면 $a = 3$ 이다.　$\therefore y = 3(x-1)(x-2)$

(3) 점 $(2, 3)$, $(0, 3)$, $(1, 2)$을 지나는 이차함수는

$y = ax^2 + bx + c$ 에 세 점을 대입하면

$4a + 2b + c = 3$, $c = 3$, $a + b + c = 2$ 이다. 연립방정식을 풀면 $a = 1$, $b = -2$, $c = 3$ 이다.

$\therefore y = x^2 - 2x + 3$

## 연 습 문 제

1. 이차함수 $y=\frac{1}{3}(2x+1)^2$ 의 꼭지점 좌표를 찾고 그래프를 그리시오.

2. 이차함수 $y=3x^2-6x$ 의 꼭지점 좌표를 찾고 그래프를 그리시오.

3. 이차함수 $y=-\frac{1}{3}x^2+2x+3$의 꼭지점 좌표를 찾고 그래프를 그리시오.

4. 이차함수 $y=-x^2+4x+5$ 의 꼭지점 좌표를 찾고 그래프를 그리시오.

5. 이차함수 $y=-x^2+8x+2$의 최대값 또는 최소값을 구하여라.

6. $x$축과의 교점이 $(-1,\ 0)$, $(1,\ 0)$이고 점$(2,6)$을 지나는 이차함수를 구하여라.

7. 세 점 $(-1,1)$, $(0,1)$, $(1,2)$을 지나는 이차함수의 꼭지점의 좌표를 구하여라.

8. $x$축과의 교점이 $(1,\ 0)$, $(3,\ 0)$이고 최소값이 $-3$인 이차함수를 구하여라.

## 2.4 분수함수와 무리함수의 그래프

분모가 $x$ 를 포함한 유리식인 $y = \dfrac{k}{x-a} + b\ (k \neq 0)$ 형태의 함수를 분수함수라 한다. 분수함수의 모양은 직각쌍곡선이다.

(1) $y = \dfrac{k}{x}(k \neq 0)$의 그래프

① 원점에 대하여 대칭인 직각쌍곡선

② 점근선은 $x = 0$($y$축), $y = 0$($x$축)

③ $k > 0$일 때는 제 1,3 사분면에 그래프가 존재

$k < 0$일 때는 제 2,4 사분면에 그래프가 존재

④ $|k|$ 가 클수록 곡선은 원점에서 멀어진다.

(2) $y = \dfrac{k}{x-a} + b\ (k \neq 0)$의 그래프

① $y = \dfrac{k}{x}$의 그래프를 $x$축, $y$축 방향으로 각각 $a, b$만큼 평행이동한다. ② 점 $(a,\ b)$에 대하여 대칭인 직각쌍곡선이다.

③ 점근선은 $x = a,\ y = b$이다.

④ 정의역은 $R - \{a\}$ , 치역은 $R - \{b\}$ 이다.

**문제 1** 다음 함수의 그래프를 그리시오.

(1) $y = -\dfrac{2}{x} + 3$ (2) $y = \dfrac{-3}{2x+4}$

(3) $y = \dfrac{2}{x+2} + 1$ (4) $y = \dfrac{2x+3}{x+2}$

함수 $y=f(x)$에서 $f(x)$가 무리식으로 나타내진 함수를 무리함수라 한다.

(3) $y=\sqrt{ax}\,(a\neq 0)$의 그래프

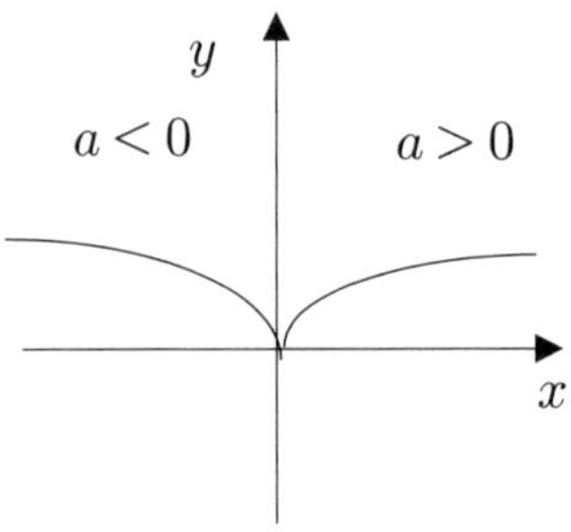


① $y^2=ax$의 그래프에서 $y\geqq 0$인 부분의 그래프이다.

② $a>0$이면 제 1사분면, $a<0$이면 제 2사분면에 그래프가 그려진다.

(4) $y=-\sqrt{ax}\,(a\neq 0)$의 그래프

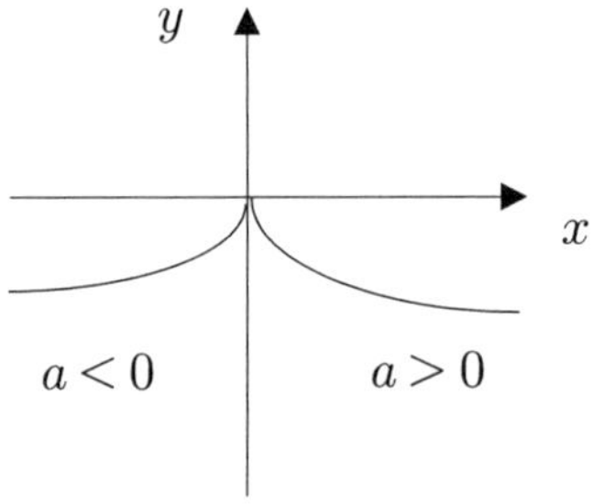


① $y^2=ax$의 그래프에서 $y\leqq 0$인 부분의 그래프이다.

② $a>0$이면 제 4사분면, $a<0$이면 제 3사분면에 그래프가 그려진다.

(5) $y=\sqrt{a(x-p)}+q$의 그래프

$y=\sqrt{ax}$의 그래프를 $x$축, $y$축 방향으로 각각 $p$, $q$만큼 평행 이동한 그래프이다.

**문제 2** 다음 함수의 그래프를 그리시오.

(1) $y=2\sqrt{x}+3$ (2) $y=-\sqrt{-x+2}$

(3) $y=\sqrt{-x+2}+1$ (4) $y=-\sqrt{x+1}-5$

# 연 습 문 제

1. 분수함수 $y=\dfrac{1}{2x-6}$ 의 점근선을 찾고 그래프를 그리시오.

2. 분수함수 $y=\dfrac{2}{x}-3$의 점근선을 찾고 그래프를 그리시오.

3. 분수함수 $y=\dfrac{3}{-x+1}+1$의 점근선을 찾고 그래프를 그리시오.

4. 분수함수 $y=\dfrac{2x-4}{x-2}$ 의 점근선을 찾고 그래프를 그리시오.

5. 무리함수 $y=\sqrt{-3x}+2$ 의 끝점을 찾고 그래프를 그리시오.

6. 무리함수 $y=-\sqrt{-3x-2}$ 의 끝점을 찾고 그래프를 그리시오.

7. 무리함수 $y=\sqrt{2x+6}-3$ 의 끝점을 찾고 그래프를 그리시오.

8. 무리함수 $y=-2\sqrt{3x-2}+1$ 의 끝점을 찾고 그래프를 그리시오.

## 2.5 지수함수와 로그함수의 그래프

$a>0$, $a \neq 1$인 실수 $a$에 대하여 $y=a^x$로 정의되는 함수를 $a$를 밑으로 하는 **지수함수**라 한다. 지수함수 $y=a^x$의 그래프는 다음과 같다.

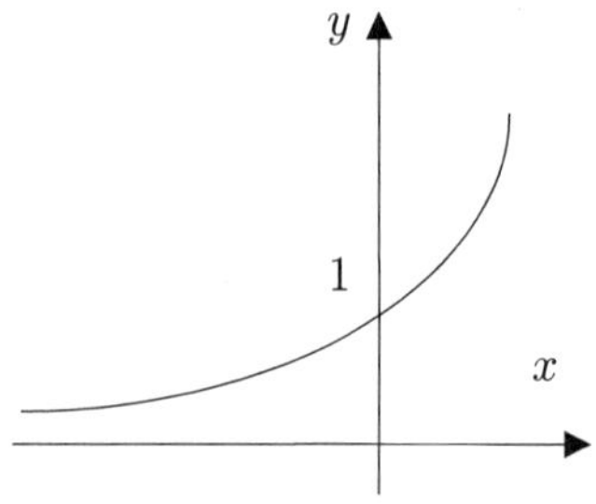


$a>1$

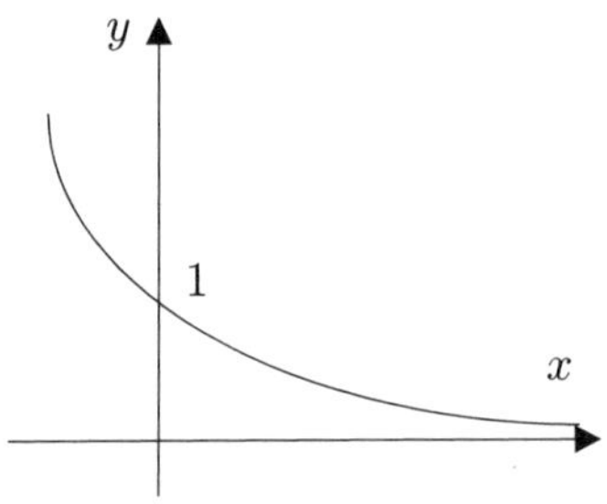


$0<a<1$

(1) 지수함수 $y=a^x$의 성질

① 정의역은 실수 전체의 집합이고, 치역은 양의 실수 전체의 집합이다.

② 그래프는 $y$절편이 1이고 점근선은 $x$축이다.

③ $a>1$일 때 증가함수이고, $0<a<1$일 때 감소함수이다.

(2) 지수함수 $y=a^{x-k}+b$의 그래프

① 점근선이 $y=b$ 이다.

② $y$절편이 $a^{-k}+b$ 이다.

③ $a>1$이면 증가함수이고, $0<a<1$이면 감소함수이다.

**예제 1** 다음 함수의 $y$절편과 점근선을 찾고 증감을 확인하여라.

(1) $y=\left(\frac{1}{2}\right)^{x-1}+3$ (2) $y=2^{x+3}-2$

**【풀이】** (1) $y$절편 5, 점근선 5인 감소함수

(2) $y$절편 6, 점근선 $-2$인 증가함수

$a>0$, $a\neq 1$인 실수 $a$에 대하여 $y=\log_a x$, $x>0$로 정의되는 함수를 $a$를 밑으로 하는 **로그함수**라 한다. 로그함수 $y=\log_a x$의 그래프는 다음과 같다.

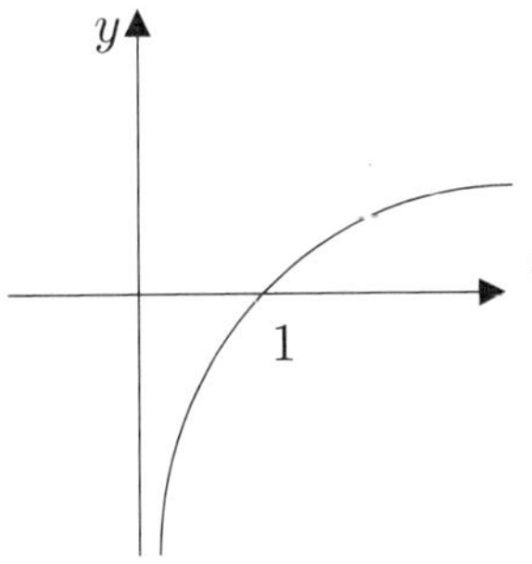


$a>1$

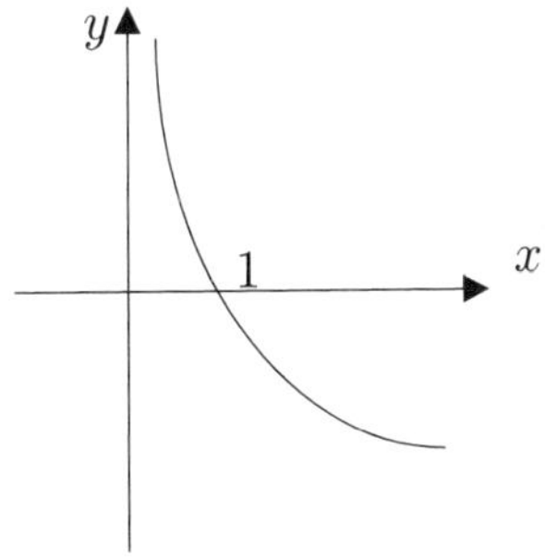


$0<a<1$

(3) 로그함수 $y=\log_a x$의 성질

① 정의역은 양의 실수 전체의 집합이고, 치역은 실수 전체의 집합이다.

② 그래프는 $x$절편이 1이고 점근선이 $y$축이다.

③ $a>1$일 때 증가함수이고, $0<a<1$일 때 감소함수이다.

(4) 로그함수 $y=\log_a(x-k)+b$의 그래프

① 점근선이 $x=k$ 이다.

② $x$절편이 $k+a^{-b}$ 이다.

③ $a>1$이면 증가함수이고, $0<a<1$이면 감소함수이다.

**예제 2** 다음 함수의 $x$절편과 점근선을 찾고 증감을 확인하여라.

(1) $y=\log_2(x+1)-1$ (2) $y=\log_{\frac{1}{2}}(x-1)+1$

【풀이】 (1) $x$절편 1, 점근선 $x=-1$인 증가함수

(2) $x$절편 3, 점근선 $x=1$인 감소함수

## 연 습 문 제

1. 지수함수 $y=\left(\frac{1}{3}\right)^{x-2}+1$의 점근선을 찾고 그래프를 그리시오.

2. 지수함수 $y=6^{x+1}+5$의 점근선을 찾고 그래프를 그리시오.

3. 지수함수 $y=-2^{2x+1}+6$의 점근선을 찾고 그래프를 그리시오.

4. 지수함수 $y=-\left(\frac{1}{2}\right)^{2x}+3$의 점근선을 찾고 그래프를 그리시오.

5. 로그함수 $y=\log_3(x+1)-2$의 점근선을 찾고 그래프를 그리시오.

6. 로그함수 $y=2\log_{\frac{1}{2}}(x-1)-4$의 점근선을 찾고 그래프를 그리시오.

7. 로그함수 $y=-\log_3\left(x-\frac{1}{2}\right)+1$의 점근선을 찾고 그래프를 그리시오.

8. 로그함수 $y=\log_2(x+1)^2-3$의 점근선을 찾고 그래프를 그리시오.

## 2.6 삼각함수

원에서 반지름의 길이와 같은 호의 길이에 대응하는 중심각의 크기를 1 라디안(radian)이라 한다. 따라서 1 radian = $\frac{180°}{\pi}$ 이다.

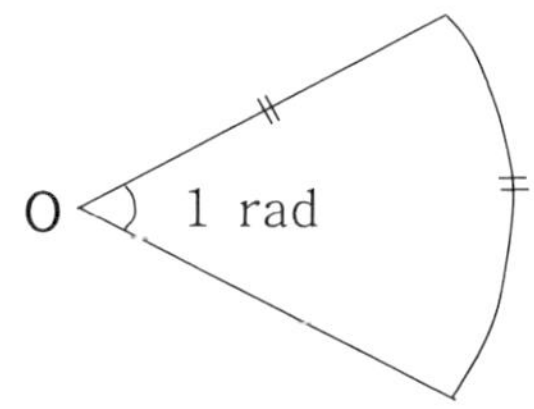


**예제 1** 360°는 라디안으로 $2\pi$이고, 30°,45°,60°는 라디안으로 각각 $\frac{\pi}{6}, \frac{\pi}{4}, \frac{\pi}{3}$ 이다.

좌표평면에서 중심이 원점 $O$이고 반지름이 $r$인 원위의 한 점$P(x,y)$에 대하여 선분 $OP$가 $x$축과 시계 반대방향으로 이루는 각을 $\theta$라고 할 때 다음과 같이 삼각함수를 정의 한다.

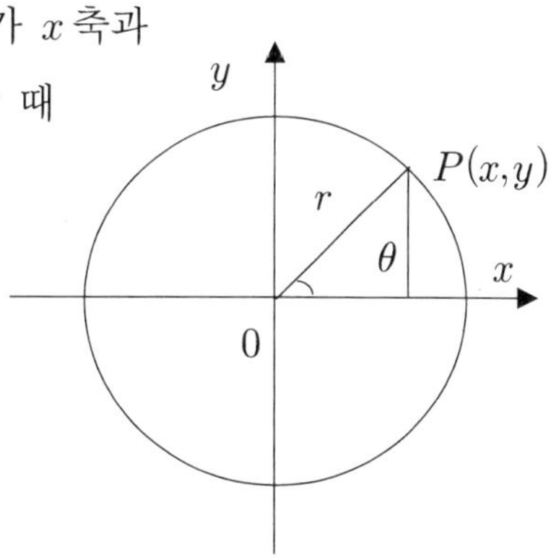


$$\sin\theta = \frac{y}{r},\ \cos\theta = \frac{x}{r},\ \tan\theta = \frac{y}{x},$$

$$\csc\theta = \frac{r}{y},\ \sec\theta = \frac{r}{x},\ \cot\theta = \frac{x}{y}$$

(1) 삼각함수의 기본성질 I

① 역수관계 : $\csc\theta = \frac{1}{\sin\theta},\ \sec\theta = \frac{1}{\cos\theta},\ \cot\theta = \frac{1}{\tan\theta}$

② 상제관계 : $\tan\theta = \frac{\sin\theta}{\cos\theta},\ \cot\theta = \frac{\cos\theta}{\sin\theta}$

③ 제곱관계 : $\sin^2\theta + \cos^2\theta = 1,\ 1 + \tan^2\theta = \sec^2\theta,\ 1 + \cot^2\theta = \csc^2\theta$

(2) 삼각함수의 그래프

삼각함수 $y=\sin x$, $y=\cos x$, $y=\tan x$ 의 그래프는 다음과 같다.

① $y=\sin x$

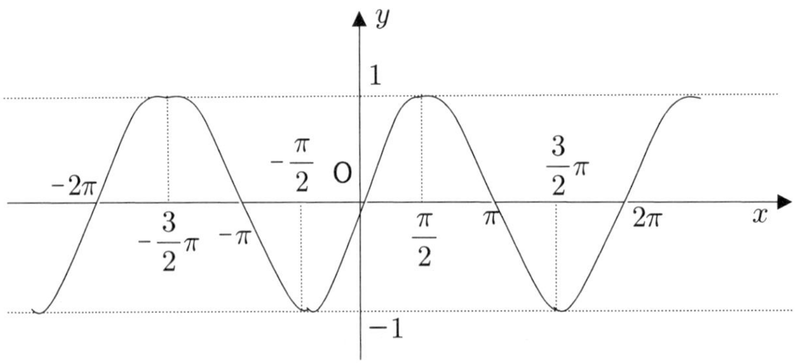


② $y=\cos x$

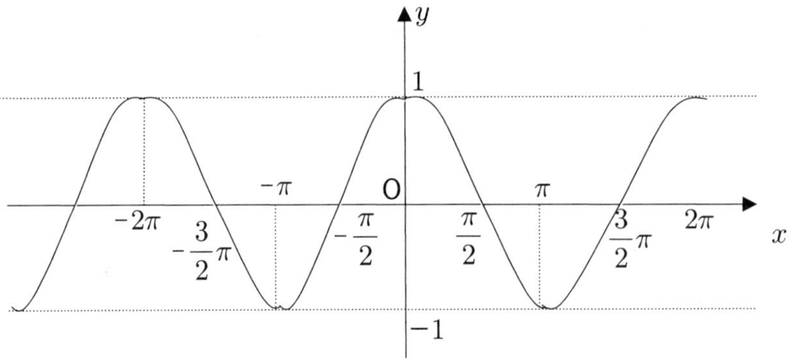


③ $y=\tan x$

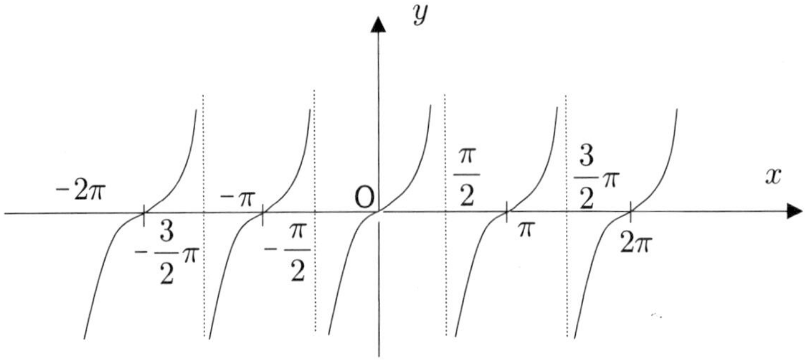

$y = \sin x$ 와 $y = \cos x$ 의 정의역은 실수전체의 집합, 치역은 $\{y \mid -1 \leq y \leq 1\}$ 이며, $y = \tan x$ 의 정의역은 $x = \dfrac{\pi}{2} + n\pi$ $(n = 0, \pm 1, \pm 2, \cdots)$ 을 제외한 실수전체의 집합이고, 치역은 실수 전체의 집합이다. $y = \sin x$ 와 $y = \cos x$ 는 주기가 $2\pi$ 인 주기함수이고 $y = \tan x$ 는 주기가 $\pi$ 인 주기함수이다.

**예제 2** 다음 각 함수의 최대값, 최소값 및 그 주기를 구하여라.

(1) $y = \sin\left(2x - \dfrac{2}{3}\pi\right)$ (2) $y = 3\cos 2x - 2$

(3) $y = \tan 3x + 1$

**【풀이】** (1) $y = \sin\left(2x - \dfrac{2}{3}\pi\right) = \sin 2\left(x - \dfrac{\pi}{3}\right)$ 이므로

$y = \sin 2x$ 의 그래프를 $x$ 축 방향으로 $\dfrac{\pi}{3}$ 만큼 평행 이동한 것이다.

$\therefore$ 최대값 : 1, 최소값 : $-1$, 주기: $\dfrac{2\pi}{2} = \pi$

(2) 최대값 : $3 - 2 = 1$, 최소값 : $-3 - 2 = -5$,

주기 : $\dfrac{2\pi}{2} = \pi$

(3) 최대값, 최소값은 없다. 주기 : $\dfrac{\pi}{3}$

**문제 1** 다음 각 함수의 최대값, 최소값 및 그 주기를 구하여라.

(1) $y = \sin(3x - \pi)$ (2) $y = \cos 2x + 3$

(3) $y = \tan 2x + 3$

(3) 삼각함수의 기본성질 II

① 덧셈정리

$$\sin(\alpha \pm \beta) = \sin\alpha \cos\beta \pm \cos\alpha \sin\beta \text{ (복호동순)}$$

$$\cos(\alpha \pm \beta) = \cos\alpha \cos\beta \mp \sin\alpha \sin\beta \text{ (복호동순)}$$

$$\tan(\alpha \pm \beta) = \frac{\tan\alpha \pm \tan\beta}{1 \mp \tan\alpha \tan\beta} \text{ (복호동순)}$$

② 배각공식

$$\sin 2\alpha = 2\sin\alpha \cos\alpha$$

$$\cos 2\alpha = \cos^2\alpha - \sin^2\alpha = 2\cos^2\alpha - 1 = 1 - 2\sin^2\alpha$$

$$\tan 2\alpha = \frac{2\tan\alpha}{1 - \tan^2\alpha}$$

③ 반각공식

$$\sin^2\frac{\alpha}{2} = \frac{1 - \cos\alpha}{2}$$

$$\cos^2\frac{\alpha}{2} = \frac{1 + \cos\alpha}{2}$$

$$\tan^2\frac{\alpha}{2} = \frac{1 - \cos\alpha}{1 + \cos\alpha}$$

④ 곱을 합 또는 차로 변형하는 공식

$$\sin\alpha \cos\beta = \frac{1}{2}\{\sin(\alpha + \beta) + \sin(\alpha - \beta)\}$$

$$\cos\alpha \sin\beta = \frac{1}{2}\{\sin(\alpha + \beta) - \sin(\alpha - \beta)\}$$

$$\cos\alpha \cos\beta = \frac{1}{2}\{\cos(\alpha + \beta) + \cos(\alpha - \beta)\}$$

$$\sin\alpha \sin\beta = -\frac{1}{2}\{\cos(\alpha + \beta) - \cos(\alpha - \beta)\}$$

⑤ 합 또는 차를 곱으로 변형하는 공식

$$\sin\alpha + \sin\beta = 2\sin\frac{\alpha+\beta}{2}\cos\frac{\alpha-\beta}{2}$$

$$\sin\alpha - \sin\beta = 2\cos\frac{\alpha+\beta}{2}\sin\frac{\alpha-\beta}{2}$$

$$\cos\alpha + \cos\beta = 2\cos\frac{\alpha+\beta}{2}\cos\frac{\alpha-\beta}{2}$$

$$\cos\alpha - \cos\beta = -2\sin\frac{\alpha+\beta}{2}\sin\frac{\alpha-\beta}{2}$$

(4) 역삼각함수

삼각함수는 주기함수이므로 역함수를 가질 수 없다. 그러나 정의역과 공변역을 적당히 제한함으로써 역함수를 정의할 수 있다.

① $y=\sin x\left(-\frac{\pi}{2} \le x \le \frac{\pi}{2},\ -1 \le y \le 1\right)$의 역함수는

$$y=\sin^{-1}x=\arcsin x\left(-\frac{\pi}{2} \le y \le \frac{\pi}{2},\ -1 \le x \le 1\right)$$

② $y=\cos x(0 \le x \le \pi,\ -1 \le y \le 1)$의 역함수는

$$y=\cos^{-1}x=\arccos x\,(0 \le y \le \pi,\ -1 \le x \le 1)$$

③ $y=\tan x\left(-\frac{\pi}{2} < x < \frac{\pi}{2},\ -\infty < y < \infty\right)$의 역함수는

$$y=\tan^{-1}x=\arctan x\left(-\frac{\pi}{2} < y < \frac{\pi}{2},\ -\infty < x < \infty\right)$$

(5) 쌍곡선함수

쌍곡선(hyperbolic) 함수는 다음과 같이 정의한다.

① $\sinh x = \dfrac{e^x - e^{-x}}{2}$　　② $\cosh x = \dfrac{e^x + e^{-x}}{2}$

③ $\tanh x = \dfrac{\sinh x}{\cosh x}$　　④ $\coth x = \dfrac{\cosh x}{\sinh x}$

⑥ $\operatorname{sech} x = \dfrac{1}{\cosh x}$　　⑥ $\operatorname{csch} x = \dfrac{1}{\sinh x}$

(6) 쌍곡선함수의 기본성질

① $\cosh^2 x - \sinh^2 x = 1,\ 1 - \tanh^2 x = \operatorname{sech}^2 x$

$\coth^2 x - 1 = \operatorname{csch}^2 x$

② $\sinh(x \pm y) = \sinh x \cosh y \pm \cosh x \sinh y$

$\cosh(x \pm y) = \cosh x \cosh y \pm \sinh x \sinh y$ (복호동순)

③ $\sinh 2x = 2\sinh x \cosh x$

④ $\cosh 2x = \cosh^2 x + \sinh^2 x = 2\cosh^2 x - 1 = 2\sinh^2 x - 1$

⑤ $\cosh(-x) = \cosh x,\ \sinh(-x) = -\sinh x$

(7) 역쌍곡선함수의 정의

① $\sinh^{-1} x = \ln(x \pm \sqrt{x^2+1})(-\infty < x < \infty)$

② $\cosh^{-1} x = \ln(x \pm \sqrt{x^2-1})(x \geq 1)$

③ $\tanh^{-1} x = \dfrac{1}{2}\ln\dfrac{1+x}{1-x}\ (|x| < 1)$

④ $\coth^{-1} x = \dfrac{1}{2}\ln\dfrac{x+1}{x-1}\ (|x| > 1)$

⑤ $\operatorname{sech}^{-1} x = \ln\left(\dfrac{1}{x} \pm \sqrt{\dfrac{1}{x^2} - 1}\right)\ (0 < x \leq 1)$

⑥ $\operatorname{csch}^{-1} x = \ln\left(\dfrac{1}{x} + \sqrt{\dfrac{1}{x^2} + 1}\right)\ (x \neq 0)$

# 연 습 문 제

1. 함수 $y=|\cos x|$의 그래프를 그리고 주기를 구하여라.

2. 함수 $y=|\tan x|$의 그래프를 그리고 주기를 구하여라.

3. 함수 $y=\dfrac{1}{2}\sin|x|$의 그래프를 그리고 주기를 구하여라.

4. 함수 $y=2\cos(2x-\pi)$의 그래프를 그리고 주기를 구하여라.

5. 함수 $y=2\cos^{-1}x$ 의 그래프를 그려라.

6. 함수 $y=\dfrac{1}{2}\tan^{-1}x$ 의 그래프를 그려라.

7. 함수 $y=\cosh x+2$의 그래프를 그려라.

8. 다음 공식을 증명하여라.
   ① $\cosh^2 x-\sinh^2 x=1$ ② $\coth^2 x-1=\mathrm{csch}^2 x$

   ③ $\sinh(x+y)=\sinh x\cosh y+\cosh x\sinh y$

# 제3장 극한과 연속

## 3.1 함수의 극한

극한과 연속은 미분적분학의 기초가 되는 개념이다. 극한에 관한 지식없이 미적분학을 배우기는 매우 어렵다. $x$가 $x$축 위의 점 $c$에 가까이 가는 방법을 조사해 보자. ① $x$값이 $c$보다 크면서 $c$에 가까워질 때 $x \to c^+$로 나타낸다. ② $x$값이 $c$보다 작으면서 $c$에 가까워질 때 $x \to c^-$로 나타낸다. ③ $x$값이 $c$이외의 값을 가지면서 $c$의 좌우 양쪽에서 가까워질 때 $x \to c$로 나타낸다.

**정의 1 (좌극한과 우극한)**

함수 $f: (a, b) \to R$, $c \in [a, b]$라 하자.

(1) $x \to c^+$일 때 $f(x)$의 값이 일정한 값 $L_r$에 가까워지면 $L_r$을 $f(x)$의 **우극한값**이라 하고 다음과 같이 나타낸다.

$$\lim_{x \to c^+} f(x) = L_r$$

(2) $x \to c^-$일 때 $f(x)$의 값이 일정한 값 $L_l$에 가까워지면 $L_l$을 $f(x)$의 **좌극한값**이라 하고 다음과 같이 나타낸다.

$$\lim_{x \to c^-} f(x) = L_l$$

함수 $f(x) = \begin{cases} 1, & x > 0 \\ -1, & x < 0 \end{cases}$ 라 하면

$$\lim_{x \to 0^+} f(x) = \lim_{x \to 0^+} 1 = 1 \text{ 이고 } \lim_{x \to 0^-} f(x) = \lim_{x \to 0^-} -1 = -1$$

**예제 1** 다음 극한값을 구하여라.

(1) $\displaystyle\lim_{x \to 2^+} \frac{x-2}{|2-x|}$ (2) $\displaystyle\lim_{x \to 2^+} \frac{x-2}{|2-x|}$

【풀이】 (1) $\displaystyle\lim_{x \to 2^+} \frac{x-2}{|2-x|} = \lim_{x \to 2^+} \frac{x-2}{-(2-x)} = 1$

(2) $\displaystyle\lim_{x \to 2^-} \frac{x-2}{|2-x|} = \lim_{x \to 2^-} \frac{x-2}{(2-x)} = -1$

**정의 2 (극한값)**

함수 $f: (a, b) \to R$, $c \in (a, b)$라 하자.
$x \to c$일 때 $f(x)$의 값이 일정한 값 $L$에 가까워지면 함수 $f(x)$는 $L$에 수렴한다고 한다. 이때 $L$을 $x = c$에서의 $f(x)$의 극한값이라 하고 다음과 같이 나타낸다.

$$\lim_{x \to c} f(x) = L \text{ 또는 } x \to c \text{ 이면 } f(x) \to L$$

$\displaystyle\lim_{x \to c} f(x) = L$ 란 의미는 $x$값이 $c$보다 큰 값이던 작은 값이던 상관없이 $c$에 가까워질 때 $f(x)$의 값은 일정한 값 $L$에 가까워지는 것을 의미한다. 따라서

$$\lim_{x \to c} f(x) = L \Leftrightarrow \lim_{x \to +c} f(x) = L = \lim_{x \to c^-} f(x)$$

이고

$$\lim_{x \to c^+} f(x) \neq \lim_{x \to c^-} f(x) \Rightarrow \nexists \lim_{x \to c} f(x)$$

**예제 2** 다음 극한값을 구하여라.

(1) $\lim_{x \to 2} (3x+1)$ (2) $\lim_{x \to 3} \frac{2}{2x+1}$

(3) $\lim_{x \to 2} \sqrt{2x+5}$ (4) $\lim_{x \to 3} \frac{x^2-9}{x-3}$

【풀이】 (1) $\lim_{x \to 2} (3x+1) = 7$

(2) $\lim_{x \to 3} \frac{2}{2x+1} = \frac{2}{7}$

(3) $\lim_{x \to 2} \sqrt{2x+5} = \sqrt{9} = 3$

(4) $\lim_{x \to 3} \frac{x^2-9}{x-3} = \lim_{x \to 3} (x+3) = 6$

**정의 3 (발산)**

함수 $f: (a, b) \to R$, $c \in [a, b]$라 하자.

(1) $x \to c$일 때 $f(x)$의 값이 한없이 커지면 $f(x)$는 양의 무한대로 발산한다고 하며 다음과 같이 나타낸다.

$$\lim_{x \to c} f(x) = \infty$$

(2) $x \to c$일 때 $f(x)$의 값이 한없이 작아지면 $f(x)$는 음의 무한대로 발산한다고 하며 다음과 같이 나타낸다.

$$\lim_{x \to c} f(x) = -\infty$$

$x$의 값이 한없이 커지는 것을 $x \to \infty$로 나타내고 $x$가 음수이면서 그 절댓값이 한없이 커지는 것을 $x \to -\infty$로 나타낸다.

함수 $f(x)=\dfrac{1}{x}$의 극한값은 그래프를 그려서 쉽게 구할 수 있다. 즉

$$\lim_{x\to 0^-}\frac{1}{x}=-\infty, \qquad \lim_{x\to 0^+}\frac{1}{x}=\infty$$

$$\lim_{x\to -\infty}\frac{1}{x}=0, \qquad \lim_{x\to \infty}\frac{1}{x}=0$$

**예제 3** 다음 극한값을 구하여라.

(1) $\displaystyle\lim_{x\to 2}\frac{1}{(x-2)^2}$ (2) $\displaystyle\lim_{x\to 3}\frac{-2}{(x-3)^2}$

(3) $\displaystyle\lim_{x\to \infty}\left(2+\frac{1}{x}\right)$ (4) $\displaystyle\lim_{x\to -\infty}\left(5-\frac{1}{x}\right)$

**【풀이】** (1) $\displaystyle\lim_{x\to 2}\frac{1}{(x-2)^2}=\infty$ (2) $\displaystyle\lim_{x\to 3}\frac{-2}{(x-3)^2}=-\infty$

(3) $\displaystyle\lim_{x\to \infty}\left(2+\frac{1}{x}\right)=2$ (4) $\displaystyle\lim_{x\to -\infty}\left(5-\frac{1}{x}\right)=5$

**정리 1 (극한값의 성질)**

$\displaystyle\lim_{x\to c}f(x)=L_1,\ \lim_{x\to c}g(x)=L_2$라 하자.

(1) $\displaystyle\lim_{x\to c}kf(x)=k\lim_{x\to c}f(x)=kL_1$ ($k$는 상수)

(2) $\displaystyle\lim_{x\to c}(f(x)\pm g(x))=\lim_{x\to c}f(x)\pm\lim_{x\to c}g(x)=L_1\pm L_2$

(3) $\displaystyle\lim_{x\to c}(f(x)\cdot g(x))=\lim_{x\to c}f(x)\cdot\lim_{x\to c}g(x)=L_1\cdot L_2$

(4) $\displaystyle\lim_{x\to c}\frac{f(x)}{g(x)}=\frac{\lim_{x\to c}f(x)}{\lim_{x\to c}g(x)}=\frac{L_1}{L_2}$ (단, $L_2\neq 0$)

**예제 4** 다음 극한값을 구하여라.

(1) $\lim_{x \to 1}(3x^4+2x)$ (2) $\lim_{x \to 1}(x^2+2x)(x+1)$

(3) $\lim_{x \to 2}\frac{x^3-2x}{2x+3}$ (4) $\lim_{x \to \infty}\frac{2x-1}{x}$

【풀이】 (1) $\lim_{x \to 1}(3x^4+2x) = 3\lim_{x \to 1}x^4 + 2\lim_{x \to 1}x = 5$

(2) $\lim_{x \to 1}(x^2+2x)(x+1)$

$= \lim_{x \to 1}(x^2+2x) \cdot \lim_{x \to 1}(x+1) = 3 \cdot 2 = 6$

(3) $\lim_{x \to 2}\frac{x^3-2x}{2x+3} = \frac{\lim_{x \to 2}(x^3-2x)}{\lim_{x \to 2}(2x+3)} = \frac{4}{7}$

(4) $\lim_{x \to \infty}\frac{2x-1}{x} = \lim_{x \to \infty}\left(2-\frac{1}{x}\right) = 2-\lim_{x \to \infty}\frac{1}{x} = 2$

산술적으로 계산이 잘 되지 않는 극한값의 계산은 다음과 같은 규칙을 이용하면 극한값을 쉽게 구할 수 있다.

(1) $\frac{0}{0}$ 형태의 유리식은 분자, 분모를 인수분해 한 후 약분한다.

(2) $\frac{0}{0}$ 형태의 무리식은 무리식이 있는 쪽을 유리화한다.

(3) $\frac{\infty}{\infty}$ 형태의 유리식은 분모의 최고차항으로 분모, 분자를 나눈다.

(4) $\frac{\infty}{\infty}$ 형태의 무리식은 근호밖 $x$의 최고차항으로 분모, 분자를 나눈다.

(5) $\infty-\infty$ 형태의 다항식은 최고차항으로 묶는다.

(6) $\infty-\infty$ 형태의 무리식은 근호가 들어있는 쪽을 유리화한다.

(7) $\infty \times 0$ 형태 : $\infty \times c$, $\frac{c}{\infty}$, $\frac{0}{0}$, $\frac{\infty}{\infty}$ 형태로 변형한다.

**예제 5** 다음 극한값을 구하여라.

(1) $\lim_{x \to 3} \frac{x^2-9}{x-3}$ (2) $\lim_{x \to 0} \frac{2-\sqrt{4-x^2}}{x^2}$

(3) $\lim_{x \to \infty} (2x^3-x^2)$ (4) $\lim_{x \to \infty} \sqrt{x^2+1}-x$

(5) $\lim_{x \to \infty} \frac{x^3+2x+1}{2x^2-3}$ (6) $\lim_{x \to 0} \frac{1}{x}\left(\frac{1}{x+\sqrt{3}}-\frac{1}{\sqrt{3}}\right)$

【풀이】

(1) $\lim_{x \to 3} \frac{x^2-9}{x-3} = \lim_{x \to 3}\frac{(x-3)(x+3)}{x-3} = \lim_{x \to 3} x+3 = 6$

(2) $$\lim_{x \to 0} \frac{2-\sqrt{4-x^2}}{x^2} = \lim_{x \to 0} \frac{x^2}{x^2(2+\sqrt{4-x^2})} = \lim_{x \to 0}\frac{1}{2+\sqrt{4-x^2}} = \frac{1}{4}$$

(3) $\lim_{x \to \infty} (2x^3-x^2) = \lim_{x \to \infty} x^3(2-\frac{1}{x}) = \infty$

(4) $\lim_{x \to \infty} \sqrt{x^2+1}-x = \lim_{x \to \infty} \frac{1}{\sqrt{x^2+1}+x} = 0$

(5) $$\lim_{x \to \infty} \frac{x^3+2x+1}{2x^2-3} = \lim_{x \to \infty} \frac{x+\frac{2}{x}+\frac{1}{x^2}}{2-\frac{3}{x^2}} = \lim_{x \to \infty} \frac{x}{2} = \infty$$

(6) $\lim_{x \to 0} \frac{1}{x}\left(\frac{1}{x+\sqrt{3}}-\frac{1}{\sqrt{3}}\right)=$

$$\lim_{x \to 0} \frac{1}{x}\left(\frac{\sqrt{3}-x-\sqrt{3}}{\sqrt{3}(x+\sqrt{3})}\right) = \lim_{x \to 0}\frac{-1}{\sqrt{3}(x+\sqrt{3})} = -\frac{1}{3}$$

**정리 2 (압축정리)**

$\lim_{x \to c} f(x) = L_1$, $\lim_{x \to c} g(x) = L_2$라 하자.

$f(x) \le h(x) \le g(x)$ 이고 $L_1 = L_2$ 이면 $\lim_{x \to c} h(x) = L_1$

**예제 6** 극한값 $\lim_{x \to \infty} \frac{\cos x}{x}$ 을 구하여라.

【풀이】 $x > 0$ 이라 하면 $-1 \le \cos x \le 1$ 이므로

$$\frac{-1}{x} \le \frac{\cos x}{x} \le \frac{1}{x}$$

$\lim_{x \to \infty} \frac{1}{x} = 0 = \lim_{x \to \infty} \frac{-1}{x}$ 이므로

$$\lim_{x \to \infty} \frac{\cos x}{x} = 0$$

**예제 7** 극한값 $\lim_{x \to 0} x \cdot \cos \frac{1}{x}$ 을 구하여라.

【풀이】 $x \to 0$ 이므로 $x \ne 0$ 이고 $-1 \le \cos \frac{1}{x} \le 1$

$$\therefore \ -|x| \le x \cdot \sin \frac{1}{x} \le |x|$$

$\lim_{x \to 0} -|x| = 0 = \lim_{x \to 0} |x|$ 이므로

$$\lim_{x \to 0} x \cdot \cos \frac{1}{x} = 0$$

**문제 1** $\lim_{x \to 0} \frac{\sin x}{x} = 1$ 을 이용하여 다음 극한값을 구하여라.

(1) $\lim_{x \to 0} \frac{\tan x}{x}$ (2) $\lim_{x \to 0} \frac{\sin 5x}{x}$

## 3.2 함수의 연속

함수가 연속이라는 것은 그래프가 끊어지지 않고 연결되어 있음을 의미한다. 연속이라는 개념은 단순해 보이지만 정확하게 정의하기 까지는 많은 시간이 필요 했다. 연속이 아닌 함수는 그래프가 끊어져 있음을 의미한다. 연속이 아닌 다음 함수를 관찰해 보자.

$$f(x) = \begin{cases} \dfrac{x^2-2x}{x}, & x \le 1 \\ -x+1, & 1 < x < 2 \\ 1, & x = 2 \\ -x+4, & 2 < x \end{cases}$$

위 함수의 그래프를 그려보면 $x=0, 1, 2$에서 그래프가 연속 아니다. ① $x=0$에서는 함수 $f(x)$의 값 $f(0)$이 정의 되지 않았다.

② $x=1$에서는 함수의 극한값 $\lim_{x \to 1} f(x)$이 존재하지 않는다.

③ $x=2$에서는 $\lim_{x \to 2} f(x) \neq f(2)$

연속이 되지 않는 위 조건의 예를 통하여 연속의 정의가 유도된다.

**정의 4 (연속의 정의)**

(1) 함수 $f(x)$가 다음 세 조건을 만족할 때 $f(x)$는 $x=a$에서 **연속**(continuous)이라 한다.

① $x=a$에서 $f(x)$의 함숫값 $f(a)$가 정의된다.

② $x=a$에서 극한값 $\lim_{x \to a} f(x)$이 존재한다.

③ $x=a$에서 $\lim_{x \to a} f(x) = f(a)$

(2) 함수 $f(x)$가 주어진 구간의 모든 점에서 연속일 때 $f(x)$는 이 구간에서 연속이라 한다.

함수 $f(x)$가 $x=a$에서 연속이 아닐 때 $x=a$에서 **불연속**이라 한다.

**예제 1** $f(x)=\dfrac{x^2}{x}$가 연속이 되도록 $f(0)$값을 정의하여라.

【풀이】 함수 $f(x)=\dfrac{x^2}{x}$는 $x=0$에서 정의 되지 않으므로 불연속이다. $\lim_{x\to 0} f(x)=\lim_{x\to 0}\dfrac{x^2}{x}=\lim_{x\to 0} x=0$ 이므로 $f(0)=0$로 정의하면 $\lim_{x\to 0} f(x)=f(0)$가 되어 연속이 된다.

**정리 3 (연속함수의 성질)**

함수 $f(x), g(x)$가 $x=a$에서 연속이면 다음 함수들도 $x=a$에서연속이다.

(1) $kf(x)$ ($k$는 상수)  (2) $f(x)\pm g(x)$

(3) $f(x)g(x)$  (4) $\dfrac{f(x)}{g(x)}$ $(g(x)\neq 0)$

함수 $f(x)=x$는 모든 실수에 대하여 연속이므로 다항함수는 모든 실수에 대하여 연속이고 유리함수는 정의역에 있는 모든 점에서 연속이다.

**정리 4 (중간값 정리)**

함수 $f(x)$가 폐구간 $[a, b]$에서 연속이고 $f(a)<k<f(b)$이면 $f(c)=k,\ a<c<b$인 $c$가 적어도 하나 존재한다.

**정리 5 (최대 최소값 정리)**

함수 $f(x)$가 폐구간 $[a, b]$에서 연속이면 $f(x)$는 폐구간 $[a, b]$에서 최대값과 최소값을 갖는다.

# 연 습 문 제

1. 다음 함수의 극한값을 구하여라.

(1) $\lim_{x \to 1} (2x^2+1)$

(2) $\lim_{x \to 2} (2x+3)$

(3) $\lim_{x \to 2} \frac{x}{2x+3}$

(4) $\lim_{x \to 1} \frac{3}{2x+5}$

(5) $\lim_{x \to \infty} \frac{x}{2x+3}$

(6) $\lim_{x \to 2} \frac{x^2-4}{2x-4}$

(7) $\lim_{x \to 4} \frac{1}{|x-4|}$

(8) $\lim_{x \to 3^+} \frac{x-3}{|3-x|}$

(9) $\lim_{x \to \infty} \sqrt{x^2+1} - x$

(10) $\lim_{x \to \infty} (\sqrt{x^2-x+1} - \sqrt{x^2+3x})$

2. 다음 함수의 연속, 불연속을 알아보아라.

(1) $f(x) = \frac{x+1}{x}$

(2) $f(x) = \begin{cases} -x+5 & (x \le 2) \\ 2x-3 & (x > 2) \end{cases}$

(3) $f(x) = \frac{x^2+x-2}{x-1}$

(4) $f(x) = \begin{cases} \frac{x^2-x}{x-1} & (x \ne 1) \\ 0 & (x = 1) \end{cases}$

3. 다음 함수가 연속이 되도록 $a$, $b$ 값을 구하여라.

(1) $f(x) = \begin{cases} 2x+3 & (x \le 1) \\ ax+6 & (x > 1) \end{cases}$

(2) $f(x) = \begin{cases} 1 & (|x| \le 1) \\ x^2+ax+b & (|x| > 1) \end{cases}$

# 제4장 미분법

## 4.1 미분계수

**정의 1 (평균변화율)**

함수 $y=f(x)$가 구간 $[a, b]$에서 정의되어 있다고 하자. $x$값이 $a$에서 $b$까지 변할 때 $x$의 변화량 $b-a$에 대한 함숫값의 변화량 $f(b)-f(a)$의 비율

$$\frac{f(b)-f(a)}{b-a}$$

를 구간 $[a, b]$에서 함수 $f(x)$의 **평균변화율**(average rate of change)이라 한다. 기하학적으로 평균변화율은 함수 $y=f(x)$의 그래프상의 두 점 $\mathrm{P}(a,\ f(a))$, $\mathrm{Q}(b,\ f(b))$를 지나는 직선의 기울기를 의미한다.

**예제 1** 구간 $[1, 2]$에서 다음 함수의 평균변화율을 구하여라.

(1) $f(x)=2x+1$ (2) $f(x)=2$

(3) $f(x)=x^2+1$

【풀이】 (1) $\dfrac{f(2)-f(1)}{2-1}=\dfrac{5-3}{1}=2$

(2) $\dfrac{f(2)-f(1)}{2-1}=\dfrac{2-2}{1}=0$

(3) $\dfrac{f(2)-f(1)}{2-1}=\dfrac{5-2}{1}=3$

**문제 1** 구간 $[1, 3]$에서 다음 함수의 평균변화율을 구하여라.

(1) $f(x) = x^2 - x + 2$

(2) $f(x) = 3x + 2$

함수 $f(x)$가 구간 $[a, b]$에서 정의되어 있을 때 $x$의 변화량 $b-a$를 $\Delta x$라 하고 이에 대한 $y$의 변화량 $f(b)-f(a)$를 $\Delta y$라 하면 평균변화율은 다음과 같이 나타낼 수 있다.

$$\frac{\Delta y}{\Delta x} = \frac{f(b)-f(a)}{b-a} = \frac{f(a+\Delta x)-f(a)}{\Delta x}$$

여기서 $\Delta x$를 $x$의 증분이라 하고 $\Delta y$를 $y$의 증분이라 한다.

**정의 2 (미분계수)**

함수 $f(x)$가 구간 $[a, b]$에서 정의되어 있다 하자. 임의의 점 $c \in (a, b)$에 대하여, 평균변화율의 극한값

$$\lim_{\Delta x \to 0} \frac{\Delta y}{\Delta x} = \lim_{\Delta x \to 0} \frac{f(c+\Delta x)-f(c)}{\Delta x}$$

이 존재할 때, 이 값을 $x=c$에서의 $f(x)$의 **순간변화율**(instantaneous rate of change) 또는 **미분계수**(differential coefficient)라 하고 $f'(c)$로 나타낸다. 이때 함수 $f(x)$는 $x=c$에서 **미분가능**(differentiable)하다고 한다.

**예제 2** 다음 함수의 $x=2$에서의 미분계수를 구하여라.

(1) $f(x) = x^2$ (2) $f(x) = \sqrt{x-1}$

(3) $f(x) = 7$

【풀이】 (1) $f'(2)=\lim_{\Delta x\to 0}\frac{f(2+\Delta x)-f(2)}{\Delta x}$

$$=\lim_{\Delta x\to 0}\frac{(2+\Delta x)^2-2^2}{\Delta x}$$

$$=\lim_{\Delta x\to 0}\frac{\{4+4\cdot\Delta x+(\Delta x)^2\}-4}{\Delta x}$$

$$=\lim_{\Delta x\to 0}\frac{\Delta x(4+\Delta x)}{\Delta x}$$

$$=\lim_{\Delta x\to 0}(4+\Delta x)=4$$

(2) $f'(2)=\lim_{\Delta x\to 0}\frac{f(2+\Delta x)-f(2)}{\Delta x}$

$$=\lim_{\Delta x\to 0}\frac{\sqrt{1+\Delta x}-1}{\Delta x}$$

$$=\lim_{\Delta x\to 0}\left(\frac{\sqrt{1+\Delta x}-1}{\Delta x}\cdot\frac{\sqrt{1+\Delta x}+1}{\sqrt{1+\Delta x}+1}\right)$$

$$=\lim_{\Delta x\to 0}\frac{1}{\sqrt{1+\Delta x}+1}=\frac{1}{2}$$

(3) $f'(2)=\lim_{\Delta x\to 0}\frac{f(2+\Delta x)-f(2)}{\Delta x}$

$$=\lim_{\Delta x\to 0}\frac{7-7}{\Delta x}=0$$

**문제 2** 다음 함수의 $x=2$에서의 미분계수를 구하여라.

(1) $f(x)=x^2-1$ (2) $f(x)=\frac{1}{x}$

(3) $f(x)=2x+1$ (4) $f(x)=-2$

**정리 1** 함수 $f(x)$가 $x=c$에서 미분가능하면 $f(x)$는 $x=c$에서 연속이다.

**【증명】** 함수 $f(x)$가 $x=c$에서 미분가능이라 하자. $x \neq c$일 때

$$f(x)-f(c)=\frac{f(x)-f(c)}{(x-c)}\cdot(x-c)$$

이고

$$\begin{aligned}\lim_{x\to c}\{f(x)-f(c)\}&=\lim_{x\to c}\frac{f(x)-f(c)}{(x-c)}\cdot(x-c)\\&=\lim_{x\to c}\frac{f(x)-f(c)}{(x-c)}\cdot\lim_{x\to c}(x-c)\\&=f'(c)\cdot 0=0\end{aligned}$$

이므로

$$\begin{aligned}\lim_{x\to c}f(x)&=\lim_{x\to c}[\{f(x)-f(c)\}+f(c)]\\&=\lim_{x\to c}\{f(x)-f(c)\}+\lim_{x\to c}f(c)\\&=0+f(c)\\&=f(c)\end{aligned}$$

따라서 $f(x)$는 $x=c$에서 연속이다.

**문제 3** 함수 $f(x)=|x|$ 가 $x=0$에서 연속이지만, 미분가능하지 않음을 보여라.

## 4.2 도함수

함수 $f(x)=x^2+1$에서 $x=k$에서의 미분계수 $f'(k)$를 구해보자.

$$f'(k)=\lim_{\Delta x\to 0}\frac{f(k+\Delta x)-f(k)}{\Delta x}=\lim_{\Delta x\to 0}\frac{(k+\Delta x)^2+1-(k^2+1)}{\Delta x}=2k$$

$x=1,2,3,\ldots$에서의 미분계수는 $f'(k)=2k$에서 $k=1,2,3,\ldots$ 을 대입하여 쉽게 구할 수 있다. 즉, $f'(1)=2$, $f'(2)=4$, $f'(3)=6$, … 이다. 이것은 정의역 $k$에 대하여 미분계수 $2k$가 정해지는 하나의 대응관계를 이룬다. 이 대응관계 $f':k\to 2k$ 는 함수 $f(x)=x^2+1$로부터 얻어지는 새로운 함수가 된다.

**정의 3 (도함수)**

함수 $f(x)$가 정의된 구간의 모든 점에서 미분가능일 때, 각 점 $x$에 그 점에서의 미분계수를 대응시켜 만든 함수를 $f(x)$의 **도함수**(derivative)라 하고 $f'(x)$ 또는 $\frac{d}{dx}f(x)$로 나타낸다. 즉

$$f'(x)=\lim_{\Delta x\to 0}\frac{f(x+\Delta x)-f(x)}{\Delta x}$$

함수 $f(x)$의 도함수 $f'(x)$를 구하는 것을 $f(x)$를 $x$에 관하여 미분(differentiate)한다고 하고 그 계산법을 **미분법**(differentiation)이라 한다. 함수를 독립변수 $x$, 종속변수 $y$를 사용하여 $y=f(x)$로 나타냈을 때, 도함수의 표현은 다음과 같이 여러 가지 기호를 사용하여 나타내는 방법이 있다.

$$y',\ f'(x),\ \frac{dy}{dx},\ \frac{d}{dx}f(x),\ D_x y,\ D_x f(x)$$

**예제 1** 다음 함수의 도함수를 구하여라.

(1) $f(x)=3$ (2) $f(x)=3x+1$

(3) $f(x)=x^2-2$

【풀이】 (1) $f'(x)=\lim_{\Delta x \to 0}\frac{f(x+\Delta x)-f(x)}{\Delta x}=\lim_{\Delta x \to 0}\frac{3-3}{\Delta x}=0$

(2) $$f'(x)=\lim_{\Delta x \to 0}\frac{f(x+\Delta x)-f(x)}{\Delta x}$$

$$=\lim_{\Delta x \to 0}\frac{3(x+\Delta x)+1-(3x+1)}{\Delta x}$$

$$=\lim_{\Delta x \to 0}\frac{3\Delta x}{\Delta x}$$

$$=3$$

(3) $$f'(x)=\lim_{\Delta x \to 0}\frac{f(x+\Delta x)-f(x)}{\Delta x}$$

$$=\lim_{\Delta x \to 0}\frac{(x+\Delta x)^2-2-(x^2-2)}{\Delta x}$$

$$=\lim_{\Delta x \to 0}\frac{2x\Delta x+(\Delta x)^2}{\Delta x}$$

$$=\lim_{\Delta x \to 0}(2x+\Delta x)=2x$$

**문제 1** 다음 함수의 도함수를 구하여라.

(1) $f(x)=5$ (2) $f(x)=2x-1$

(3) $f(x)=3x^2+1$ (4) $f(x)=-1$

**예제 2** 다음 함수의 도함수를 구하여라.

(1) $f(x)=\dfrac{2}{x+1}$ (2) $f(x)=\sqrt{x}$

【풀이】 (1) $f'(x) = \lim\limits_{\Delta x \to 0} \dfrac{f(x+\Delta x)-f(x)}{\Delta x}$

$$= \lim_{\Delta x \to 0} \frac{\dfrac{2}{(x+\Delta x)+1} - \dfrac{2}{x+1}}{\Delta x}$$

$$= \lim_{\Delta x \to 0} \frac{-2}{(x+1)(x+\Delta x+1)}$$

$$= \frac{-2}{(x+1)^2}$$

(2) $f'(x) = \lim\limits_{\Delta x \to 0} \dfrac{f(x+\Delta x)-f(x)}{\Delta x}$

$$= \lim_{\Delta x \to 0} \frac{\sqrt{(x+\Delta x)} - \sqrt{x}}{\Delta x}$$

$$= \lim_{\Delta x \to 0} \frac{\sqrt{x+\Delta x} - \sqrt{x}}{\Delta x} \cdot \frac{\sqrt{x+\Delta x} + \sqrt{x}}{\sqrt{x+\Delta x} + \sqrt{x}}$$

$$= \lim_{\Delta x \to 0} \frac{\Delta x}{\Delta x(\sqrt{x+\Delta x} + \sqrt{x})}$$

$$= \frac{1}{2\sqrt{x}}$$

**문제 2** 다음 함수의 도함수를 구하여라.

(1) $f(x)=\dfrac{1}{x+2}$

(2) $f(x)=\sqrt{2x+1}$

**정리 2 (도함수의 기본공식)**

두 함수 $f(x)$, $g(x)$가 미분가능할 때

(1) $y=k$($k$는 상수) 이면 $y'=0$

(2) $y=x^n$ 이면 $y'=nx^{n-1}$

(3) $y=kf(x)$($k$는 상수) 이면 $y'=kf'(x)$

(4) $y=f(x)\pm g(x)$ 이면 $y'=f'(x)\pm g'(x)$

(5) $y=f(x)g(x)$ 이면 $y'=f'(x)g(x)+f(x)g'(x)$

(6) $y=\dfrac{f(x)}{g(x)}$ 이면 $y'=\dfrac{f'(x)g(x)-f(x)g'(x)}{\{g(x)\}^2}$ (단, $g(x)\neq 0$)

**예제 3** 다음 함수의 도함수를 구하여라.

(1) $y=x^4+3x^2-5$ (2) $y=(x^2-1)(2x-3)$

(3) $y=(x-2)(x-5)$ (4) $y=\dfrac{2x}{x^2+1}$

(5) $y=\dfrac{1}{x^3}$ (6) $y=\dfrac{2x+1}{3x^2-1}$

【풀이】 (1) $y'=(x^4)'+(3x^2)'-(5)'$

$=4x^3+3(x^2)'$

$=4x^3+6x$

(2) $y'=(x^2-1)'(2x-3)+(x^2-1)(2x-3)'$

$=2x(2x-3)+(x^2-1)\cdot 2$

$=6x^2-6x-2$

(3) $y' = (x-2)'(x-5) + (x-2)(x-5)'$

$= (x-5) + (x-2)$

$= 2x - 7$

(4) $y' = \dfrac{(2x)'(x^2+1) - 2x(x^2+1)'}{(x^2+1)^2}$

$= \dfrac{2(x^2+1) - 2x \cdot 2x}{(x^2+1)^2}$

$= \dfrac{2-2x^2}{(x^2+1)^2}$

(5) $y' = (x^{-3})' = -3x^{-4} = \dfrac{-3}{x^4}$

(6) $y' = \dfrac{(2x+1)'(3x^2-1) - (2x+1)(3x^2-1)'}{(3x^2-1)^2}$

$= \dfrac{2(3x^2-1) - (2x+1) \cdot 6x}{(3x^2-1)^2}$

$= \dfrac{-6x^2-6x-2}{(3x^2-1)^2}$

**문제 3** 다음 함수의 도함수를 구하여라.

(1) $y = 6x^4 + 2x^2$ (2) $y = (x^2-1)(2x^3-3x)$

(3) $y = (x^2 - x - 5)^2$ (4) $y = \dfrac{x+1}{x^2+1}$

(5) $y = \dfrac{1}{x^5}$ (6) $y = \dfrac{3x+1}{2x^2+x+1}$

## 4.3 합성함수의 미분법

함수 $y=(x^2+2x+3)^5$은 곱의 미분 공식을 이용하여 도함수를 구할 수 있지만 많은 시간이 필요하다. $x^2+2x+3=t$라 하면 주어진 함수는 $y=t^5$로 간단히 표현된다. 즉, 두 함수 $y=t^5$, $t=x^2+2x+3$의 합성함수이다. 이와 같은 합성함수의 미분은 다음과 같은 공식을 이용하여 쉽게 구할 수 있다.

**정리 3 (합성함수의 미분)**

함수 $y=f(t)$가 $t$에 관하여 미분가능하고, $t=g(x)$가 $x$에 관하여 미분가능하면, 합성함수 $y=f(g(x))$는 $x$에 관하여 미분가능하며

$$\frac{dy}{dx}=\frac{dy}{dt}\cdot\frac{dt}{dx}=f'(t)\cdot g'(x)$$

**예제 1** 다음 함수의 도함수를 구하여라.

(1) $y=(2x^2+x-3)^5$ (2) $y=\dfrac{1}{(2x+3)^3}$

**【풀이】** (1) $t=2x^2+x-3$이라 하면, $y=t^5$이므로

$$\frac{dy}{dx}=\frac{dy}{dt}\cdot\frac{dt}{dx}=5t^4(4x+1)$$

$$=5(2x^2+x-3)^4\cdot(4x+1)$$

(2) $t=2x+3$이라 하면, $y=\dfrac{1}{t^3}$이므로

$$\frac{dy}{dx}=\frac{dy}{dt}\cdot\frac{dt}{dx}=-3t^{-4}\cdot 2=\frac{-6}{(2x+3)^4}$$

문제 1 다음 함수의 도함수를 구하여라.

(1) $y=(x^2+x+3)^8$ (2) $y=(x+\frac{1}{x})^3$

(3) $y=\frac{1}{(x+2)^7}$ (4) $y=\frac{1}{(x^2+x+2)^6}$

## 4.4 음함수의 미분법

$x$의 함수 $y$가 $y=f(x)$의 꼴로 주어졌을 때 $y$를 $x$의 **양함수**(explicit function)라고 한다. $y$가 $x$에 관한 함수일 때 그 관계식이 항상 $y=f(x)$의 꼴로 나타내어지는 것은 아니다. $x^2+4y^2-4xy=0$은 $y=f(x)$의 꼴은 아니지만 $x$와 $y$의 변역을 제한함으로써 $y$를 $x$에 관한 함수로 할 수 있다. 이와 같이 $x$에 관한 함수 $y$가 $f(x,y)=0$의 꼴로 주어졌을 때 $y$를 $x$의 **음함수**(implicit function)라고 한다. 음함수 $f(x,y)=0$ 형태의 함수는 양함수로 변형하여 미분 할 수도 있지만 양함수로 고치기 어려운 경우도 있다. 이때
$y$를 $x$에 관하여 미분 가능한 함수로 보고 음함수의 미분법을 이용하여 미분 할 수 있다.

**정리 4 (음함수의 미분)**

임의의 함수가 음함수 $f(x,y)=0$의 꼴로 주어져 있으면 $y$를 $x$의 함수라 생각하고 주어진 방정식의 양변을 $x$에 관하여 미분 한 다음 $y'$에 관하여 풀면 된다.

예제 1 다음 함수의 도함수를 구하여라.

(1) $y^2-3x^2+2x=0$ (2) $x^2+y^2-3xy=0$

【풀이】 (1) $y$를 $x$의 함수로 보고 각 항을 $x$에 관하여 미분하면

$$2y\frac{dy}{dx} - 6x + 2 = 0$$

따라서 $y \neq 0$이 때,

$$\frac{dy}{dx} = \frac{3x-1}{y}$$

(2) $y$를 $x$의 함수로 보고 각 항을 $x$에 관하여 미분하면

$$2x + 2y \cdot \frac{dy}{dx} - (3y + 3x \cdot \frac{dy}{dx}) = 0$$

이 식을 정리하면,

$$(2y - 3x)\frac{dy}{dx} = 3y - 2x$$

따라서, $2y - 3x \neq 0$일 때,

$$\frac{dy}{dx} = \frac{3y-2x}{2y-3x}$$

**문제 1** 다음 함수의 도함수를 구하여라.

(1) $x^3 - 3xy^2 + y^3 = 5$ (2) $(x-y)^2 = 2y+5$

(3) $x^2 + y^2 = 4$ (4) $(x-2)^2 + (y-1)^2 = 4$

(5) $y = \sqrt[5]{x^2+3}$ (6) $y = \dfrac{1}{\sqrt[3]{3x-1}}$

(7) $y^3 = (x^2+x+3)^2$ (8) $y^2 = (x^2+1)^3$

## 4.5 역함수의 미분법

**정리 5 (역함수의 미분)**

함수 $y=f(x)$가 역함수가 존재하고 미분가능하면

$$\frac{dy}{dx} = \frac{1}{\frac{dx}{dy}} \quad \left(\text{단, } \frac{dx}{dy} \neq 0\right)$$

**예제 1** 다음 함수에서 $\frac{dy}{dx}$를 구하여라.

(1) $x=(y-3)^5$ (2) $y=\sqrt[3]{x}$

**【풀이】** (1) $\frac{dx}{dy}=5(y-3)^4$ 이므로 $\frac{dy}{dx}=\frac{1}{5(y-3)^4}$

(2) $y=\sqrt[3]{x}$ 이면 $x=y^3$

따라서 $\frac{dx}{dy}=3y^2$ 이므로

$$\frac{dy}{dx}=\frac{1}{3y^2}=\frac{1}{3\sqrt[3]{x^2}}$$

**문제 1** 역함수의 미분법으로 다음 함수의 도함수를 구하여라.

(1) $x=\frac{1}{(y+3)^3}$ (2) $y=\sqrt[5]{x+1}$

(1) $x=\frac{2}{(y+1)^2}$ (2) $y=\sqrt[3]{2x+3}$

## 4.6 매개변수함수의 미분법

**정리 6 (매개변수함수의 미분)**

함수 $x=f(t)$, $y=g(t)$가 $t$에 관하여 미분가능하고, $f'(t)\neq 0$이면

$$\frac{dy}{dx}=\frac{\frac{dy}{dt}}{\frac{dx}{dt}}=\frac{g'(t)}{f'(t)}$$

**예제 1** $x$, $y$ 사이에 다음 관계가 있을 때 $\frac{dy}{dx}$를 구하여라.

$$x=\frac{t}{1-t^2}, \qquad y=\frac{3}{1-t^2}$$

【풀이】 $$\frac{dx}{dt}=\frac{(1-t^2)-t\cdot(-2t)}{(1-t^2)^2}=\frac{t^2+1}{(1-t^2)^2}$$

$$\frac{dy}{dt}=\frac{3(1-t^2)-3(-2t)}{(1-t^2)^2}=\frac{3-3t^2+6t}{(1-t^2)^2}$$

$$\therefore\ \frac{dy}{dx}=\frac{\frac{dy}{dt}}{\frac{dx}{dt}}=\frac{\frac{3-3t^2+6t}{(1-t^2)^2}}{\frac{t^2+1}{(1-t^2)^2}}=\frac{3-3t^2+6t}{t^2+1}$$

**문제 1** $x$, $y$ 사이에 다음 관계가 있을 때 $\frac{dy}{dx}$를 구하여라.

(1) $x=t^3-2t+1,\ \ y=t^2-5t+3$

(2) $x=3t^2-2t,\ \ y=t^2-4t+1$

(3) $x=t^3-\frac{1}{t},\ \ y=t^2-\frac{1}{t}+3$

## 4.7 로그함수의 미분법

**정리 7 (로그함수의 미분)**

$a>0,\ a\neq 1,\ x>0$일 때

(1) $\dfrac{d}{dx}(\log_a x)=\dfrac{1}{x}\log_a e$ (2) $\dfrac{d}{dx}\ln x=\dfrac{1}{x}$

**예제 1** 다음 함수의 도함수를 구하여라.

(1) $y=\log_8 x$ (2) $y=\ln(x^2+1)$ (3) $y=x^x$

【풀이】 (1) $y'=\dfrac{1}{x}\log_8 e=\dfrac{1}{x\cdot\ln 8}$

(2) $t=x^2+1$이라 하면 $y=\ln t$

$\dfrac{dy}{dt}=\dfrac{1}{t},\ \dfrac{dt}{dx}=2x$ 이므로

$$\frac{dy}{dx}=\frac{dy}{dt}\cdot\frac{dt}{dx}=\frac{1}{t}\cdot 2x=\frac{2x}{x^2+1}$$

(3) 양변에 로그를 취하면 $\ln y=x\ln x$

$\dfrac{1}{y}y'=\ln x+1$ $y'=y(\ln x+1)=x^x(\ln x+1)$

**문제 1** 다음 함수의 도함수를 구하여라.

(1) $y=2\log_3(5x+1)$ (2) $y=x^{\sqrt{3}}$

(3) $y=\ln(x^3-2x)$ (4) $y=(\ln x)^3$

(5) $y=\dfrac{(x-1)^2}{(x-4)^4}$ (6) $y=x^{\ln x}$

## 4.8 지수함수의 미분법

**정리 8 (지수함수의 미분)**

$a>0,\ a\neq 1$일 때

(1) $\dfrac{d}{dx}a^x = a^x \cdot \ln a$　　　(2) $\dfrac{d}{dx}e^x = e^x$

**예제 1** 다음 함수의 도함수를 구하여라.

(1) $y=2^x$　　　(2) $y=e^{2x}$

(3) $y=3^x \cdot \ln x$　　　(4) $y=x^3 \cdot e^x$

【풀이】 (1) $y'=2^x \ln 2$　　　(2) $y'=2e^{2x}$

(3) $y'=(3^x)' \cdot \ln x + 3^x(\ln x)' = 3^x(\ln 3)\ln x + 3^x \cdot \dfrac{1}{x}$

$= 3^x\left\{(\ln 3)\ln x + \dfrac{1}{x}\right\}$

(4) $y'=(x^3)' \cdot e^x + x^3 \cdot (e^x)' = 3x^2 \cdot e^x + x^3 \cdot e^x$

$= e^x(3x^2+x^3)$

**문제 1** 다음 함수의 도함수를 구하여라.

(1) $y=\ln(e^x-3e^{-x})$　　　(2) $y=2^x \cdot \ln x$

(3) $y=3^{x^2+1}$　　　(4) $y=e^{\frac{2}{x-1}}$

(5) $y=3^{\ln(x^2+1)}$　　　(6) $y=3^{2x}+\log_3(2x^3+x)$

## 4.9 삼각함수의 미분법

**정리 9 (삼각함수의 미분)**

(1) $\frac{d}{dx}\sin x = \cos x$  (2) $\frac{d}{dx}\cos x = -\sin x$

(3) $\frac{d}{dx}\tan x = \sec^2 x$  (4) $\frac{d}{dx}\csc x = -\csc x \cdot \cot x$

(5) $\frac{d}{dx}\sec x = \sec x \cdot \tan x$  (6) $\frac{d}{dx}\cot x = -\csc^2 x$

**예제 1** 다음 함수의 도함수를 구하여라.

(1) $y = 3\sin x + \cos x$  (2) $y = \sin x \cdot \cos x$

(3) $y = \tan(x^2 + 2)$  (4) $y = \cot x^2$

【풀이】 (1) $y' = (3\sin x)' + (\cos x)' = 3\cos x - \sin x$

(2) $y' = (\sin x)' \cos x + \sin x \cdot (\cos x)' = \cos^2 x - \sin^2 x$

(3) $y' = \sec^2(x^2 + 2) \cdot 2x$

(4) $y' = -\csc^2 x^2 \cdot 2x$

**문제 1** 다음 함수의 도함수를 구하여라.

(1) $y = \sec x^2 + 3\cos x$  (2) $y = \sin x - \csc x$

(3) $y = \cos x \cdot \tan x$  (4) $y = \sin 3x \cdot \cos 2x$

(5) $y = \sin(\cos x)$  (6) $y = (\cos x + \sin x)^5$

(7) $y = \dfrac{\sin x}{1 - \sin x}$  (8) $y = \dfrac{\cos x}{\sin x + 1}$

## 4.10 역삼각함수와 쌍곡선함수의 미분공식

(1) $x = \arcsin y \ (-1 \le y \le 1, -\frac{\pi}{2} \le x \le \frac{\pi}{2})$이면

$$\frac{dx}{dy} = \frac{1}{\sqrt{1-y^2}}$$

(2) $x = \arccos y \ (-1 \le y \le 1, \ 0 \le x \le \pi)$이면

$$\frac{dx}{dy} = -\frac{1}{\sqrt{1-y^2}}$$

(3) $x = \arctan y \ (-\infty < y < \infty, \ -\frac{\pi}{2} < x < \frac{\pi}{2})$

$$\frac{dx}{dy} = \frac{1}{1+y^2}$$

(4) $x = \mathrm{arccsc}\, y \ (y \le -1, \ y \ge 1, -\frac{\pi}{2} \le x < 0, \ 0 < x \le \frac{\pi}{2})$이면

$$\frac{dx}{dy} = -\frac{1}{y\sqrt{y^2-1}}$$

(5) $x = \mathrm{arcsec}\, y \ (y \le -1, \ y \ge 1, \ 0 \le x < \frac{\pi}{2}, \ \frac{\pi}{2} < x \le \pi)$이면

$$\frac{dx}{dy} = \frac{1}{y\sqrt{y^2-1}}$$

(6) $x = \mathrm{arccot}\, y \ (-\infty < y < \infty, \ 0 < x < \pi)$이면

$$\frac{dx}{dy} = -\frac{1}{1+y^2}$$

(7) $\frac{d}{dx}(\sinh x) = \cosh x$

(8) $\frac{d}{dx}(\cosh x) = \sinh x$

(9) $\frac{d}{dx}(\tanh x) = \mathrm{sech}^2 x$

## 연 습 문 제

1. 구간 $[1, 3]$ 에서 다음 함수의 평균변화율을 구하여라.

(1) $f(x) = 2x + 1$ (2) $f(x) = \sqrt{x} + 1$

(3) $f(x) = x^2 - 3$ (4) $f(x) = e^x + 1$

(5) $f(x) = \dfrac{2}{x+1}$ (6) $y = \log_3(x+2)$

2. 다음 함수의 $x = 2$에서의 미분계수를 구하여라.

(1) $f(x) = x^2 + x$ (2) $f(x) = \sqrt{2x} + 1$

(3) $f(x) = e^x + 3$ (4) $f(x) = \sin x + 2$

(5) $f(x) = \dfrac{1}{x+2}$ (6) $y = \log_2(2x+1)$

3. 다음 함수의 도함수를 구하여라.

(1) $y = (x^2 - 2x + 3)^5$ (2) $y = \dfrac{x^2 + 1}{x^2 + x + 1}$

(3) $y = \dfrac{1}{(x^2+2)^6}$ (4) $y = \dfrac{1}{\sqrt[5]{3x^2 + 2}}$

(5) $x^3 + 2xy^2 - y^3 = 0$ (6) $y^3 = (3x^2 + x + 1)^4$

(7) $y = 3^{x^2 + 2x + 1}$ (8) $y = e^{x^2 + 2}$

(9) $y = 2^{\ln(x^2+2)}$ (10) $y = e^{2x} + \log_3(x^3 - 2x)$

(11) $y = (e^x \sin x)^6$ (12) $y = \sin(x+2) \cdot \cos x^3$

(13) $y = \dfrac{e^x}{1 + 2\cos x}$ (14) $y = \sec(x^2 + 1) + \sin 3x$

(15) $y = \tan(2x - 1)$ (16) $y = \cot(x^2 + x + 2)$

# 제5장 부정적분

## 5.1 부정적분과 기본공식

미분법에서는 주어진 함수의 도함수를 구하는 방법을 알아보았는데 이 장에서는 어떤 함수의 도함수를 알고 있을 때 원래의 함수를 구하는 방법을 알아보자. 함수 $f(x)$가 어떤 함수 $F(x)$의 도함수라 하면 다음과 같은 등식이 성립한다.

$$\frac{dF(x)}{dx} = f(x)$$

이때, $F(x)$를 $f(x)$의 **역도함수**(antiderivative) 또는 **원시함수**(primitive function)라 한다. 예를 들어 $\frac{1}{2}x^2,\ \frac{1}{2}x^2+1,\ \frac{1}{2}x^2-1,\ \frac{1}{2}x^2+2$은 모두 $x$의 원시함수이다.

$F(x)$를 함수 $f(x)$의 한 원시함수라 하면 $\frac{dF(x)}{dx} = f(x)$이므로 임의의 상수 $C$에 대하여

$$\frac{d}{dx}\{F(x)+C\} = \frac{dF(x)}{dx} = f(x)$$

따라서 $F(x)+C$도 $f(x)$의 또 다른 원시함수이다. 또한 $F(x)$가 $f(x)$의 한 원시함수이고 $G(x)$가 $f(x)$의 또 다른 원시함수라 하면

$$\begin{aligned}\frac{d}{dx}\{G(x)-F(x)\} &= \frac{d}{dx}G(x) - \frac{d}{dx}F(x)\\ &= f(x)-f(x)\\ &= 0\end{aligned}$$

이므로 $G(x)-F(x)=C$ 이다. $\quad\therefore\ G(x)=F(x)+C$

**정의 1 (부정적분)**

함수 $f(x)$가 주어진 구간에서 정의되고, 이 구간의 모든 $x$에 대하여 $F'(x) = f(x)$ 인 함수 $F(x)$가 정의될 때, $F(x)$를 $f(x)$의 **부정적분**(indefinite integral)이라 하고

$$\int f(x)dx = F(x) + C$$

로 나타낸다.

이때, $f(x)$를 **피적분함수**(integrand), $\int$를 **적분기호**(integral sign), $x$를 **적분변수**(integral variable), $C$를 **적분상수**(integral constant)라 하고, $f(x)$의 부정적분을 구하는 것을 $f(x)$를 **적분한다**(integrate)고 한다.

**예제 1** 다음 부정적분을 구하여라.

(1) $\int 5\,dx$ (2) $\int x^2\,dx$

【풀이】 (1) $\dfrac{d}{dx}(5x) = 5$ 이므로

$$\int 5\,dx = 5x + C$$

(2) $\dfrac{d}{dx}\left(\dfrac{x^3}{3}\right) = x^2$ 이므로

$$\int x^2\,dx = \frac{x^3}{3} + C$$

**문제 1** 다음 부정적분을 구하여라.

(1) $\int 3x^2\,dx$ (2) $\int 6x^5\,dx$

임의의 실수 $n$에 대하여

$$\frac{d}{dx}\left(\frac{1}{n+1}x^{n+1}\right)=x^n \quad (\text{단, } n\neq -1)$$

$$\frac{d}{dx}(\ln x)=\frac{1}{x}$$

이므로 다음과 같은 정리가 성립한다.

**정리 1** 임의의 실수 $n$에 대하여

(1) $n\neq -1$일 때

$$\int x^n\,dx=\frac{1}{n+1}x^{n+1}+C$$

(2) $n=-1$일 때

$$\int x^{-1}\,dx=\int \frac{1}{x}\,dx=\ln|x|+C$$

**예제 2** 다음 부정적분을 구하여라.

(1) $\int x^4dx$ (2) $\int \frac{1}{\sqrt[3]{x}}\,dx$

【풀이】 (1) $\int x^4\,dx=\frac{1}{4+1}x^{4+1}+C=\frac{1}{5}x^5+C$

(2) $$\int \frac{1}{\sqrt[3]{x}}\,dx=\int x^{-\frac{1}{3}}\,dx=\frac{1}{-\frac{1}{3}+1}x^{-\frac{1}{3}+1}+C$$

$$=\frac{3}{2}\sqrt[3]{x^2}+C$$

**문제 2** 다음 부정적분을 구하여라.

(1) $\int 3x^8 dx$ (2) $\int \sqrt[5]{x}\, dx$

(3) $\int x^{\frac{3}{5}} dx$ (4) $\int \frac{1}{x\sqrt{x}} dx$

**정리 2 (부정적분의 선형성)**

임의의 상수 $k_1$, $k_2$ 에 대하여

$$\int \{k_1 \cdot f(x) \pm k_2 \cdot g(x)\} dx = k_1 \int f(x) dx \pm k_2 \int g(x) dx$$

**예제 3** 다음 부정적분을 구하여라.

(1) $\int (x^2 + 2x + 5) dx$ (2) $\int \frac{x - \sqrt{x}}{x\sqrt{x}} dx$

【풀이】 (1)
$$\begin{aligned} \int (x^2 + 2x + 5) dx &= \int x^2 dx + 2\int x\, dx + 5\int dx \\ &= \frac{1}{3}x^3 + 2 \cdot \frac{1}{2}x^2 + 5x + C \\ &= \frac{1}{3}x^3 + x^2 + 5x + C \end{aligned}$$

(2)
$$\begin{aligned} \int \frac{x - \sqrt{x}}{x\sqrt{x}} dx &= \int \frac{x}{x\sqrt{x}} dx - \int \frac{\sqrt{x}}{x\sqrt{x}} dx \\ &= \int \frac{1}{\sqrt{x}} dx - \int \frac{1}{x} dx \\ &= \int x^{-\frac{1}{2}} dx - \int \frac{1}{x} dx \\ &= 2x^{\frac{1}{2}} - \ln|x| + C \\ &= 2\sqrt{x} - \ln|x| + C \end{aligned}$$

**문제 3** 다음 부정적분을 구하여라.

(1) $\int \frac{2x+1}{x^3}dx$ (2) $\int \frac{\sqrt{x}+3}{x}dx$

**정리 3 (삼각함수의 부정적분)**

(1) $\int \sin x\, dx = -\cos x + C$

(2) $\int \cos x\, dx = \sin x + C$

(3) $\int \sec^2 x\, dx = \tan x + C$

(4) $\int \csc^2 x\, dx = -\cot x + C$

**예제 4** 다음 부정적분을 구하여라.

(1) $\int (\sin x + 3\cos x)dx$ (2) $\int \frac{1-\sin^3 x}{\sin^2 x}dx$

【풀이】 (1) $\int (\sin x + 3\cos x)dx = \int \sin x\, dx + 3\int \cos x\, dx$

$= -\cos x + 3\sin x + C$

(2) $\int \frac{1-\sin^3 x}{\sin^2 x}dx = \int \left(\frac{1}{\sin^2 x} - \sin x\right)dx$

$= \int \csc^2 x\, dx - \int \sin x\, dx$

$= -\cot x + \cos x + C$

**문제 4** 다음 부정적분을 구하여라.

$$(1)\int (3\sin x - 2\cos x)\,dx$$

$$(2)\int \frac{2+\cos^3 x}{\cos^2 x}\,dx$$

**정리 4 (지수함수의 부정적분)**

$$(1)\ \int e^x\,dx = e^x + C$$

$$(2)\ \int a^x\,dx = \frac{a^x}{\ln a} + C\ \ (a>0,\ a\neq 1)$$

**예제 5** 다음 부정적분을 구하여라.

$$(1)\int 5^x\,dx \qquad (2)\int \frac{xe^x-1}{x}\,dx$$

【풀이】

$$(1)\ \int 5^x\,dx = \frac{5^x}{\ln 5} + C$$

$$(2)\int \frac{xe^x-1}{x}\,dx = \int e^x\,dx - \int \frac{1}{x}\,dx$$

$$= e^x - \ln|x| + C$$

**문제 5** 다음 부정적분을 구하여라.

$$(1)\int 7^{x+1}\,dx \qquad (2)\int \frac{xe^x+x^2}{x}\,dx$$

## 5.2 치환적분법

피적분 함수가 복잡하여 간단한 적분공식에 맞는 모양으로 피적분함수를 바꾸는 과정을 치환이라 한다. $t = g(x)$라 하고 $dt = g'(x)dx$를 이용하면 $\int t^n \frac{dt}{dx} dx = \int t^n dt$로 바꿀 수 있다. $F'(t) = f(t)$이고 $t = g(x)$가 미분 가능하면 합성함수의 미분법에 의하여

$$\frac{dF(t)}{dx} = \frac{dF(t)}{dt} \cdot \frac{dt}{dx} = f(t) \cdot \frac{dt}{dx} = f(g(x)) \cdot g'(x)$$

이므로

$$\int f(t)dt = F(t) = \int f(g(x)) \cdot g'(x)dx$$

이다. 이와 같은 적분법을 **치환적분법**(integration by substitution)이라 한다.

> **정리 5 (치환적분법)**
> $t = g(x)$이고 $g(x)$가 $x$에 관하여 미분가능하면
> $$\int f(t)dt = \int f(g(x))g'(x)dx$$

**예제 1** 다음 부정적분을 구하여라.

$$(1) \int (x^3 + 2)^4 (3x^2) dx \quad (2) \int (3x+1)^2 dx$$

【풀이】 (1) $t = x^3 + 2$이라 하면 $dt = 3x^2 dx$ 이므로

$$\int (x^3+2)^4(3x^2)\,dx = \int t^4\,dt = \frac{1}{5}t^5 + C$$
$$= \frac{1}{5}(x^3+2)^5 + C$$

(2) $t = 3x+1$ 라 하면 $dt = 3dx$ 이므로

$$\int (3x+1)^2\,dx = \int t^2 \cdot \frac{1}{3}\,dt$$
$$= \frac{1}{3}\int t^2\,dt$$
$$= \frac{1}{3}\cdot\frac{1}{3}t^3 + C$$
$$= \frac{1}{9}(3x+1)^3 + C$$

**문제 1** 다음 부정적분을 구하여라.

(1) $\int (5x-2)^4\,dx$ (2) $\int \frac{x}{(3x+1)^2}\,dx$

(3) $\int \cos^3 x \cdot \sin x\,dx$ (4) $\int \frac{x-1}{\sqrt{2x+1}}\,dx$

(5) $\int (3x^2-2)^4 x\,dx$ (6) $\int (x^2+2x)^4(x+1)\,dx$

함수 $\frac{f'(x)}{f(x)}$ 에서 $t = f(x)$ 라 하면 $dt = f'(x)dx$ 이므로

$$\int \frac{f'(x)}{f(x)}\,dx = \int \frac{1}{t}\,dt = \ln|t| + C = \ln|f(x)| + C$$

따라서 다음 정리가 성립한다.

**정리 6** $f(x) \neq 0$ 일 때

$$\int \frac{f'(x)}{f(x)}\,dx = \ln|f(x)| + C$$

**예제 2** 다음 부정적분을 구하여라.

$$(1)\int \frac{e^{2x}}{1+e^{2x}}\,dx \qquad (2)\int \tan x\,dx$$

【풀이】 (1) $\dfrac{e^{2x}}{1+e^{2x}}$ 에서 $t=1+e^{2x}$ 라 하면 $dt=2e^{2x}\,dx$ 이므로

$$\int \frac{e^{2x}}{1+e^{2x}}\,dx = \int \frac{1}{1+e^{2x}}\cdot e^{2x}\,dx$$

$$= \int \frac{1}{t}\frac{1}{2}dt = \frac{1}{2}\int \frac{1}{t}dt$$

$$= \frac{1}{2}\ln|t|+C$$

$$= \frac{1}{2}\ln(1+e^{2x})+C$$

(2) $\tan x = \dfrac{\sin x}{\cos x}$ 이므로 $t=\cos x$ 라 하면

$dt=-\sin x\,dx$ 이다. 따라서

$$\int \tan x\,dx = \int \frac{\sin x}{\cos x}\,dx = \int \frac{1}{\cos x}\cdot \sin x\,dx$$

$$= \int \frac{1}{t}(-1)dt = -\int \frac{1}{t}dt$$

$$= -\ln|t|+C$$

$$= -\ln|\cos x|+C$$

**문제 2** 다음 부정적분을 구하여라.

$$(1)\int \frac{x}{x^2+1}\,dx \qquad (2)\int \cot x\,dx \qquad (3)$$

$$\int \frac{e^x+e^{-x}}{e^x-e^{-x}}\,dx \qquad (4)\int \frac{1}{x\ln x}\,dx$$

## 5.3 부분적분법

미분 가능한 두 함수 $f(x)$와 $g(x)$에 대하여, 두 함수의 곱 $f(x) \cdot g(x)$를 미분하면

$$\frac{d}{dx}\{f(x) \cdot g(x)\} = f'(x) \cdot g(x) + f(x) \cdot g'(x)$$

이다. 양변을 $x$에 관하여 적분하면 적분의 선형성에 의하여

$$\begin{aligned} f(x) \cdot g(x) &= \int \{f'(x) \cdot g(x) + f(x) \cdot g'(x)\}\,dx \\ &= \int f'(x) \cdot g(x)\,dx + \int f(x) \cdot g'(x)\,dx \end{aligned}$$

이므로 $\int f(x) \cdot g'(x)\,dx = f(x) \cdot g(x) - \int f'(x) \cdot g(x)\,dx$이다.

이로부터 다음과 같은 공식을 얻을 수 있다.

**정리 7 (부분적분법)**

$$\int f(x) \cdot g'(x)\,dx = f(x) \cdot g(x) - \int f'(x) \cdot g(x)\,dx$$

**예제 1** 다음 부정적분을 구하여라.

(1) $\int x \cdot e^x\,dx$  (2) $\int \ln x\,dx$

【풀이】 (1) $f(x) = x$, $g'(x) = e^x$ 라 하면 $f'(x) = 1$,

$g'(x) = e^x$ 이므로

$$\begin{aligned} \int x \cdot e^x\,dx &= x \cdot e^x - \int e^x\,dx \\ &= x \cdot e^x - e^x + C \end{aligned}$$

(2) $\ln x = (\ln x) \cdot 1$이므로 $f(x) = \ln x$, $g'(x) = 1$라 하면

$f'(x) = \dfrac{1}{x}$ 이고 $g(x) = x$ 이다. 따라서

$$\int \ln x\, dx = \int 1 \cdot \ln x\, dx$$

$$= x \ln x - \int x \frac{1}{x}\, dx = x \ln x - x + C$$

**문제 1** 다음 부정적분을 구하여라.

(1) $\int x^2 e^x\, dx$ (2) $\int x e^{2x}\, dx$

(3) $\int \ln(x+2)\, dx$ (4) $\int x e^{-x}\, dx$

**예제 2** 다음 부정적분을 구하여라.

$$\int x \cdot \cos x\, dx$$

【풀이】 $f'(x) = \cos x$, $g(x) = x$라 하면
$f(x) = \sin x$, $g'(x) = 1$ 이므로

$$\int x \cdot \cos x\, dx = x \cos x - \int \sin x\, dx$$

$$= x \cos + \cos x + C$$

**문제 2** 다음 부정적분을 구하여라.

(1) $\int x \cdot \sin x\, dx$ (2) $\int x \cdot \cos 3x\, dx$

**예제 3** 다음 부정적분을 구하여라.

$$\int e^x \cdot \cos x \, dx$$

【풀이】 $\int e^x \cdot \cos x \, dx = A$ 라 하고 부분적분법을 써 보자.

$f(x) = \cos x$, $g'(x) = e^x$ 라 하면

$f'(x) = -\sin x$, $g(x) = e^x$ 이므로

$$\begin{aligned} A &= e^x \cdot \cos x - \int (-\sin x) \cdot e^x \, dx \\ &= e^x \cdot \cos x + \int e^x \cdot \sin x \, dx \quad \cdots\cdots ① \end{aligned}$$

$\int e^x \cdot \sin x \, dx$ 를 부분적분법을 사용하여 풀어보자.

$u(x) = \sin x$, $v'(x) = e^x$ 라 하면 $u'(x) = \cos x$, $v(x) = e^x$ 이므로

$$\int e^x \cdot \sin x \, dx = e^x \cdot \sin x - \int e^x \cdot \cos x \, dx \quad \cdots\cdots ②$$

식 ②를 ①에 대입하면

$$\begin{aligned} A &= e^x \cdot \cos x + e^x \cdot \sin x - \int e^x \cdot \cos x \, dx + 2C \\ &= e^x \cdot \cos x + e^x \cdot \sin x - A + 2C \end{aligned}$$

위 식을 $A$ 에 관하여 정리하면

$$A = \int e^x \cdot \cos x \, dx = \frac{1}{2} e^x (\cos x + \sin x) + C$$

**문제 3** 다음 부정적분을 구하여라.

$$\int e^x \cdot \sin x \, dx$$

## 5.4 유리함수의 적분

두 함수 $f(x)$와 $g(x)$가 다항식일 때 유리함수 $\frac{g(x)}{f(x)}$의 적분 $\int \frac{g(x)}{f(x)}dx$은 $\frac{g(x)}{f(x)} = q(x) + \frac{r(x)}{f(x)}$ (단, $r(x)$의 차수 $<$ $f(x)$의 차수)로 변형한 후 부분분수로 분해하여 적분할 수 있다.

**예제 1** 다음 부정적분을 구하여라.

$$\int \frac{1}{x^2+x-6}dx$$

【풀이】

$$\frac{1}{x^2+x-6} = \frac{1}{(x-2)(x+3)} = \frac{A}{x-2} + \frac{B}{x+3}$$

$$= \frac{A(x+3)+B(x-2)}{x^2+x-6}$$

$$= \frac{(A+B)x+(3A-2B)}{x^2+x-6}$$

$\therefore\ A+B=0,\ 3A-2B=1$

연립방정식을 풀면 $A=\frac{1}{5},\ B=-\frac{1}{5}$이므로

$$\int \frac{1}{x^2+x-6}dx = \frac{1}{5}\int \frac{1}{x-2}dx - \frac{1}{5}\int \frac{1}{x+3}dx$$

$$= \frac{1}{5}\ln|x-2| - \frac{1}{5}\ln|x+3| + C$$

$$= \frac{1}{5}\ln\left|\frac{x-2}{x+3}\right| + C$$

**문제 1** 다음 부정적분을 구하여라.

$$\int \frac{3}{x^2+x-12}dx$$

**예제 2** 다음 부정적분을 구하여라.

$$\int \frac{x^3+2x^2}{x^2-1}\,dx$$

【풀이】

$$\frac{x^3+2x^2}{x^2-1} = x+2+\frac{x+2}{x^2-1}$$
$$= x+2+\frac{3}{2(x-1)}-\frac{1}{2(x+1)}$$

이므로

$$\int \frac{x^3+2x^2}{x^2-1}\,dx$$
$$= \int (x+2)\,dx + \frac{3}{2}\int \frac{1}{x-1}\,dx - \frac{1}{2}\int \frac{1}{x+1}\,dx$$
$$= \frac{1}{2}x^2+2x+\frac{3}{2}\ln|x-1|-\frac{1}{2}\ln|x+1|+C$$

**문제 2** 다음 부정적분을 구하여라.

$$\int \frac{x^2+x+1}{x^2-9}\,dx$$

(1) 분모의 인수가 $(ax+b)^n$ 인 경우

$$\frac{g(x)}{f(x)} = \frac{g(x)}{(ax+b)^n} = \frac{A_1}{ax+b}+\frac{A_2}{(ax+b)^2}+\cdots+\frac{A_n}{(ax+b)^n}$$ 로 변형

**예제 3** 다음 부정적분을 구하여라.

$$\int \frac{x}{(x-2)^2}\,dx$$

【풀이】 $$\frac{x}{(x-2)^2} = \frac{a}{x-2} + \frac{b}{(x-2)^2}$$
$$= \frac{a(x-2)+b}{(x-2)^2}$$
$$= \frac{ax-2a+b}{(x-2)^2}$$

에서 $a=1, b=2$ 이므로

$$\int \frac{x}{(x-2)^2}dx = \int \frac{1}{x-2}dx + \int \frac{2}{(x-2)^2}dx$$
$$= \ln|x-2| - 2\frac{1}{x-2} + C$$

**문제 3** 다음 부정적분을 구하여라.

$$\int \frac{1}{(2x+1)^2}dx$$

(2) 분모의 인수가 $(ax^2+bx+c)^n$ 인 경우

$$\frac{g(x)}{f(x)} = \frac{g(x)}{(ax^2+bx+c)^n}$$

$$= \frac{A_1x+B_1}{ax^2+bx+c} + \frac{A_2x+B_2}{(ax^2+bx+c)^2} + \cdots + \frac{A_nx+B_n}{(ax^2+bx+c)^n}$$

의 형태로 변형

**예제 4** 다음 부정적분을 구하여라.

$$\int \frac{4x+2}{x^2+x+1}dx$$

【풀이】 $$\int \frac{4x+2}{x^2+x+1}dx = 2\int \frac{2x+1}{x^2+x+1}dx$$

$$= 2\ln|x^2+x+1| + C$$

**정리 8** 임의의 실수 $a$와 양의 정수 $n$에 대하여 다음 공식이 성립한다.

(1) $$\int \frac{1}{(x-a)^n}\,dx = \begin{cases} \ln(x-a)+C, & n=1 \\ \dfrac{1}{-n+1}\dfrac{1}{(x-a)^{n-1}}+C, & n\neq 1 \end{cases}$$

(2) $$\int \frac{1}{(x^2+1)^n}\,dx = \begin{cases} \tan^{-1}x+C, & n=1 \\ \dfrac{1}{2(n-1)}\dfrac{x}{(x^2+1)^{n-1}}+\dfrac{2n-3}{2(n-1)}\displaystyle\int\frac{1}{(x^2+1)^{n-1}}dx, & n\neq 1 \end{cases}$$

(3) $$\int \frac{x}{(x^2+a^2)^n}\,dx = \begin{cases} \dfrac{1}{2}\ln(x^2+a^2)+C, & n=1 \\ \dfrac{1}{2(1-n)}\dfrac{1}{(x^2+a^2)^{n-1}}+C, & n\neq 1 \end{cases}$$

**예제 5** 다음 부정적분을 구하여라.

(1) $\displaystyle\int \frac{1}{(x-2)^3}\,dx$ (2) $\displaystyle\int \frac{1}{(x^2+1)^2}\,dx$

**【풀이】** (1) 정리 1 (1)에서 $n=3$을 대입하면

$$\int \frac{1}{(x-2)^3}\,dx = -\frac{1}{2}\frac{1}{(x-2)^2}+C$$

(2) 정리 1 (2)에서 $n=2$을 대입하면

$$\int \frac{1}{(x^2+1)^2}\,dx = \frac{1}{2}\frac{x}{x^2+1}+\frac{1}{2}\int\frac{1}{x^2+1}\,dx$$

$$= \frac{x}{2(x^2+1)}+\frac{1}{2}\tan^{-1}+C$$

**예제 6** 다음 부정적분을 구하여라.

$$(1)\ \int \frac{x}{(x^2+2)^3}\,dx \quad (2)\ \int \frac{x}{x^2+5}\,dx$$

【풀이】 정리 1 (3)의 공식을 이용하면

$$(1)\ \int \frac{x}{(x^2+2)^3}\,dx = -\frac{1}{4}\frac{1}{(x^2+2)^2}+C$$

$$(2)\ \int \frac{x}{x^2+5}\,dx = \frac{1}{2}\ln(x^2+5)+C$$

**예제 7** 다음 부정적분을 구하여라.

$$\int \frac{x^3+x^2+x+2}{x^4+3x^2+2}\,dx$$

【풀이】 $x^4+3x^2+2=(x^2+1)(x^2+2)$ 이므로

$$\frac{x^3+x^2+x+2}{x^4+3x^2+2}$$

$$=\frac{Ax+B}{x^2+1}+\frac{Cx+D}{x^2+2}$$

$$=\frac{(A+C)x^2+(B+D)x^2+(2A+C)x+2B+D}{x^4+3x^2+2}$$

라 하면 $A+C=1,\ B+D=1,\ 2A+C=1,\ 2B+D=2$ 이므로 $A=0,\ B=1,\ C=1,\ D=0$ 이다. 따라서

$$\int \frac{x^3+x^2+x+2}{x^4+3x^2+2}\,dx = \int \frac{1}{x^2+1}\,dx+\int \frac{x}{x^2+2}\,dx$$

$$=\tan^{-1}x+\frac{1}{2}\int \frac{2x}{x^2+2}\,dx+C$$

$$=\tan^{-1}x+\frac{1}{2}\ln(x^2+2)+C$$

**예제 8** 다음 부정적분을 구하여라.

$$\int \frac{1}{x^3+1}dx$$

【풀이】 $$\frac{1}{x^3+1} = \frac{A}{x+1} + \frac{Bx+C}{x^2-x+1}$$

$$= \frac{(A+B)x^2+(-A+B+C)x+(A+C)}{x^3+1}$$

이므로 $A+B=0,\ -A+B+C=0,\ A+C=1$

연립방정식을 풀면 $A=\frac{1}{3},\ B=-\frac{1}{3},\ C=\frac{2}{3}$

$$\int \frac{1}{x^3+1}dx$$

$$= \frac{1}{3}\int \frac{1}{x+1}dx - \frac{1}{3}\int \frac{x-2}{x^2-x+1}dx$$

$$= \frac{1}{3}\ln|x+1| - \frac{1}{6}\int \frac{2x-1}{x^2-x+1}dx + \frac{3}{2}\int \frac{1}{x^2-x+1}dx$$

$$= \frac{1}{3}\ln|x+1| - \frac{1}{6}\ln|x^2-x+1| + \frac{3}{2}\int \frac{1}{\left(x-\frac{1}{2}\right)^2+\frac{3}{4}}dx$$

$$= \frac{1}{3}\ln|x+1| - \frac{1}{6}\ln|x^2-x+1| + \sqrt{3}\tan^{-1}\left(\frac{2x-1}{\sqrt{3}}\right)+C$$

**문제 4** 다음 부정적분을 구하여라.

(1) $\int \frac{1}{x^2-1}dx$ (2) $\int \frac{1}{x^2+x-2}dx$

(3) $\int \frac{2x^2+3}{(x^2+1)^2}dx$ (4) $\int \frac{2}{x^2(x-1)}dx$

(5) $\int \frac{1}{(x+2)^5}dx$ (6) $\int \frac{3x+1}{(x^2+1)^2}dx$

## 5.5 무리함수의 적분

무리함수의 적분은 피적분 함수를 치환하여 유리함수로 바꾸어 적분한 다음 변수를 다시 환원한다.

(1) $\sqrt[n]{ax+b}$ 형태의 적분

$\sqrt[n]{ax+b}=t$ 로 치환하면 유리식으로 변형된다.

**예제 1** 다음 부정적분을 구하여라.

$$\int \sqrt[3]{x+1}\,dx$$

【풀이】 $\sqrt[3]{x+1}=t$ 라 하면 $x=t^3-1,\ dx=3t^2\,dt$ 이므로

$$\int \sqrt[3]{x+1}\,dx=\int t\cdot 3t^2\,dt=3\int t^3\,dt$$
$$=\frac{3}{4}t^4+C$$
$$=\frac{3}{4}(x+1)^{\frac{4}{3}}+C$$

**예제 2** 다음 부정적분을 구하여라.

$$\int \frac{1}{x\sqrt{1-x}}\,dx$$

【풀이】

$\sqrt{1-x}=t$ 라 하면 $x=1-t^2,\ dx=-2t\,dt$ 이므로

$$\int \frac{1}{x\sqrt{1-x}}\,dx$$
$$=\int \frac{-2t}{(1-t^2)t}\,dt\ =-2\int \frac{1}{(1-t^2)}\,dt$$
$$=-\ln\left|\frac{1+t}{1-t}\right|+C=\ln\left|\frac{1-\sqrt{1-x}}{1+\sqrt{1-x}}\right|+C$$

**문제 1** 부정적분 $\displaystyle\int \frac{1}{x\sqrt{x-1}}\,dx$ 을 구하여라.

(2) $\sqrt{ax^2+bx+c}$ 형태의 적분

① $a>0$ 이면 $\sqrt{ax^2+bx+c}=t-\sqrt{a}\,x$ 로 치환하면

$$ax^2+bx+c=\frac{\sqrt{a}\,t^2+bt+c\sqrt{a}}{2\sqrt{a}\,t+b},\quad x=\frac{t^2-c}{2\sqrt{a}\,t+b}$$

$$dx=\frac{2(\sqrt{a}\,t^2+bt+c\sqrt{a})}{(2\sqrt{a}\,t+b)^2}\,dt$$

② $a<0$ 이고 $ax^2+bx+c=a(x-\alpha)(x-\beta),\ (\alpha<\beta)$ 이면

$\sqrt{\dfrac{x-\alpha}{\beta-x}}=t$ 로 치환하면

$$\sqrt{ax^2+bx+c}=\frac{\sqrt{-a}\,(\beta-\alpha)t}{1+t^2},\quad x=\frac{\alpha+\beta t^2}{1+t^2}$$

$$dx=\frac{2(\beta-\alpha)t}{(1+t^2)^2}\,dt$$

로 치환하여 적분한다.

**예제 3** 다음 부정적분을 구하여라.

$$\int\frac{1}{\sqrt{x^2+1}}\,dx$$

**【풀이】** $\sqrt{x^2+1}=t-x$ 라 하면

$x=\dfrac{t^2-1}{2t},\ \sqrt{x^2+1}=\dfrac{t^2+1}{2t},\ dx=\dfrac{t^2+1}{2t^2}\,dt$ 이므로

$$\int\frac{1}{\sqrt{x^2+1}}\,dx$$

$$=\int\frac{2t}{t^2+1}\cdot\frac{t^2+1}{2t^2}\,dt=\int\frac{1}{t}\,dt$$

$$=\ln|t|+C=\ln\left|x+\sqrt{x^2+1}\right|+C$$

**예제 4** 다음 부정적분을 구하여라.

$$\int \frac{2}{x\sqrt{x^2+x+2}}\,dx$$

【풀이】

$\sqrt{x^2+x+2} = t - x$ 라 하면

$x = \dfrac{t^2-2}{2t+1}, \quad dx = \dfrac{2(t^2+t+2)}{(2t+1)^2}\,dt$ 이므로

$$\int \frac{2}{x\sqrt{x^2+x+2}}\,dx$$

$$= \int \frac{\dfrac{4(t^2+t+2)}{(2t+1)^2}}{\dfrac{t^2-2}{2t+1}\cdot\dfrac{t^2+t+2}{2t+1}}\,dt$$

$$= 4\int \frac{1}{t^2-2}\,dt$$

$$= \sqrt{2}\ln\left|\frac{t-\sqrt{2}}{t+\sqrt{2}}\right| + C$$

$$= \sqrt{2}\ln\left|\frac{\sqrt{x^2+x+2}+x-\sqrt{2}}{\sqrt{x^2+x+2}+x+\sqrt{2}}\right| + C$$

**문제 2** 다음 부정적분을 구하여라.

(1) $\int \sqrt[4]{x+2}\,dx$　　(2) $\int \dfrac{x}{\sqrt{4-x}}\,dx$

(3) $\int \dfrac{1}{\sqrt{x^2+2}}\,dx$　　(4) $\int \dfrac{1}{x\sqrt{x^2-x+2}}\,dx$

(3) $\sqrt[n]{\dfrac{ax+b}{cx+d}}$ 형태의 적분 (단, $ad-bc \neq 0$)

$\sqrt[n]{\dfrac{ax+b}{cx+d}} = t$ 로 치환하면 $x = -\dfrac{dt^n - b}{ct^n - a}$, $dx = \dfrac{n(ad-bc)t^{n-1}}{(a-ct^n)2} dt$

**예제 5** 다음 부정적분을 구하여라.

$$\int \frac{-1}{x+2} \sqrt{\frac{x+1}{x+2}}\, dx$$

【풀이】

$\sqrt{\dfrac{x+1}{x+2}} = t$ 라 하면

$x = \dfrac{2t^2-1}{-t^2+1}$, $dx = \dfrac{2t}{(1-t^2)^2} dt$ 이므로

$$\int \frac{-1}{x+2} \sqrt{\frac{x+1}{x+2}}\, dx$$

$$= \int (t^2-1)t \frac{2t}{(1-t^2)^2}\, dt$$

$$= \int \frac{-2t^2}{1-t^2}\, dt$$

$$= \int 2 + \frac{2}{t^2-1}\, dt$$

$$= 2t + \ln\left|\frac{t-1}{t+1}\right| + C$$

$$= 2\sqrt{\frac{x+1}{x+2}} + \ln\left|\frac{\sqrt{\frac{x+1}{x+2}}-1}{\sqrt{\frac{x+1}{x+2}}+1}\right| + C$$

**문제 3** 다음 부정적분을 구하여라.

$$(1)\int \frac{1}{x}\sqrt{\frac{x+4}{1-x}}\,dx$$

$$(2)\int \frac{1}{(x-1)\sqrt{-x^2+x+2}}\,dx$$

## 5.6 삼각함수의 적분

피적분 함수가 $\sin x$, $\cos x$, $\tan x$ 의 유리함수인 경우에는 $x = 2\tan^{-1} t$ 로 치환하여 적분한다. 즉, $\tan\frac{x}{2} = t$ 로 치환하면 다음과 같이 치환 된다.

① $\sin x = \dfrac{1}{2}\sin\dfrac{x}{2}\cos\dfrac{x}{2} = \dfrac{2\tan\frac{x}{2}}{\sec^2\frac{x}{2}} = \dfrac{2t}{1+\tan^2\frac{x}{2}} = \dfrac{2t}{1+t^2}$

② $\cos x = \cos^2\dfrac{x}{2} - \sin^2\dfrac{x}{2} = \cos^2\dfrac{x}{2}\left(1-\tan^2\dfrac{x}{2}\right)$

$$= \frac{1-\tan^2\frac{x}{2}}{\sec^2\frac{x}{2}} = \frac{1-\tan^2\frac{x}{2}}{1+\tan^2\frac{x}{2}} = \frac{1-t^2}{1+t^2}$$

③ $\tan x = \dfrac{\sin x}{\cos x} = \dfrac{2t}{1-t^2}$

※ 삼각함수의 기본 성질

① $\sin^2 x = \dfrac{1-\cos 2x}{2}$, $\cos^2 x = \dfrac{1+\cos 2x}{2}$

② $\tan^2 x = \sec^2 x - 1$, $\cot^2 x = \csc^2 x - 1$

③ $\sin mx \cdot \sin nx = -\frac{1}{2}\cos(m+n)x - \cos(m-n)x$

④ $\cos mx \cdot \cos nx = \frac{1}{2}\cos(m+n)x + \cos(m-n)x$

**예제 1** 다음 부정적분을 구하여라.

$$\int \frac{1}{1+\sin x}\,dx$$

【풀이】

$\tan\frac{x}{2} = t$ 라 하면

$\sin x = \frac{2t}{t^2+1}$, $dx = \frac{2}{t^2+1}dt$ 이므로

$$\begin{aligned}\int \frac{1}{1+\sin x}\,dx &= \int \frac{1}{1+\frac{2t}{t^2+1}} \cdot \frac{2}{t^2+1}\,dt \\ &= \int \frac{2}{t^2+2t+1}\,dt \\ &= \int \frac{2}{(t+1)^2}\,dt \\ &= -\frac{1}{t+1} + C \\ &= -\frac{1}{1+\tan\frac{x}{2}} + C\end{aligned}$$

**문제 1** 다음 부정적분을 구하여라.

$$\int \frac{1}{1-\cos x}\, dx$$

**예제 2** 다음 부정적분을 구하여라.

$$\int \frac{1}{1+\sin x-\cos x}\, dx$$

【풀이】 $\tan\frac{x}{2}=t$ 라 하면

$\sin x=\dfrac{2t}{t^2+1}$, $\cos x=\dfrac{1-t^2}{t^2+1}$, $dx=\dfrac{2}{t^2+1}dt$ 이므로

$$\begin{aligned}\int \frac{1}{1+\sin x-\cos x}\, dx &= \int \frac{1}{1+\dfrac{2t}{t^2+1}-\dfrac{1-t^2}{t^2+1}}\cdot\frac{2}{t^2+1}\, dt\\ &= \int \frac{1}{t(t+1)}\, dt = \int \frac{1}{t}-\frac{1}{t+1}\, dt\\ &= \ln|t|-\ln|t+1|+C\\ &= \ln\left|\frac{\tan\dfrac{x}{2}}{1+\tan\dfrac{x}{2}}\right|+C\end{aligned}$$

**문제 2** 다음 부정적분을 구하여라.

(1) $\displaystyle\int \frac{1}{\sin x-\cos x}\, dx$

(2) $\displaystyle\int \frac{1}{\sin x+\cos x+1}\, dx$

# 연 습 문 제

1. 다음 함수의 부정적분을 구하여라.

(1) $\int \frac{x^2+3x}{x^3}dx$ (2) $\int \frac{\sqrt{x}+xe^{3x}}{x}dx$

(3) $\int (3\sin x + \tan^2 x)dx$ (4) $\int \left(\log_2 x + 5^x\right)dx$

2. 다음 함수의 부정적분을 구하여라. (치환적분)

(1) $\int (2x+1)^5 dx$ (2) $\int \sin^5 x \cdot \cos x \, dx$

(3) $\int \frac{x+3}{(x+1)^3}dx$ (4) $\int \frac{e^{3x}}{1-e^{3x}}dx$

3. 다음 함수의 부정적분을 구하여라. (부분적분)

(1) $\int \ln(x-1)dx$ (2) $\int x^2 \ln x \, dx$

(3) $\int e^x \cdot \sin(x+2)dx$ (4) $\int (x-2) \cdot \cos 3x \, dx$

4. 다음 함수의 부정적분을 구하여라. (유리함수의 적분)

(1) $\int \frac{3}{x^2-9}dx$ (2) $\int \frac{2}{(x-2)^3}dx$

5. 다음 함수의 부정적분을 구하여라. (무리함수의 적분)

(1) $\int \frac{1}{\sqrt{3x+2}}dx$ (2) $\int \frac{1}{\sqrt{x^2+2}}dx$

(3) $\int \frac{x}{\sqrt{x+2}}dx$ (4) $\int \frac{1}{x\sqrt{x^2+x+2}}dx$

6. 다음 함수의 부정적분을 구하여라. (삼각함수의 적분)

(1) $\int \frac{1}{2\cos x-3}dx$ (2) $\int \frac{1}{4\sin x-5}dx$

# 제6장 편미분법

## 6.1 편도함수

4장에서 함수 $f: R \to R$, $y = f(x)$의 도함수를

$$f'(x) = \lim_{\Delta x \to 0} \frac{f(x+\Delta x) - f(x)}{\Delta x}$$

로 정의하였다. 이 절에서는 함수의 미분법을 다변수 함수로 확장시킨 편미분에 관하여 알아본다. 이변수 함수 $f(x, y)$에서 $y = b$로 고정시키면, 함수 $z = f(x, y)$는 $x$만의 함수 $z = f(x, b)$가 되므로 $x$에 관한 도함수를 생각할 수 있다. 마찬가지로 함수 $f(x, y)$에서 $x = a$로 고정시키면, 함수 $z = f(x, y)$는 $y$만의 함수 $z = f(a, y)$가 되므로 $y$에 관한 도함수를 생각할 수 있다.

**정의 1 (편미분계수)**

이변수 함수 $z = f(x, y)$에서 극한값

$$\lim_{h \to 0} \frac{f(a+h, b) - f(a, b)}{h}$$

이 존재할 때 점 $(a, b)$에서 함수 $z$의 $x$**에 관한 편미분계수**라 하고 $f_x(a, b)$로 나타내며 극한값

$$\lim_{h \to 0} \frac{f(a, b+h) - f(a, b)}{h}$$

이 존재할 때 점 $(a, b)$에서 함수 $z$의 $y$**에 관한 편미분계수**라 하고 $f_y(a, b)$로 나타낸다.

이변수 함수 $f(x, y)$에서 $f_x(a, b)$와 $f_y(a, b)$가 각각 정의될 때 $f(x, y)$는 점 $(a, b)$에서 $x$ 또는 $y$에 관하여 **편미분가능**이라 한다.

**예제 1** $f(x, y) = x^2 + 3y$ 에서 $f_x(1,2), f_y(1,2)$의 값을 구하여라.

【풀이】

$$f_x(1,2) = \lim_{h \to 0} \frac{[(1+h)^2 + 3 \cdot 2] - (1^2 + 3 \cdot 2)}{h}$$

$$= \lim_{h \to 0} \frac{2h + h^2}{h}$$

$$= \lim_{h \to 0} (2+h) = 2$$

$$f_y(1,2) = \lim_{h \to 0} \frac{[1^2 + 3 \cdot (2+h)] - (1^2 + 3 \cdot 2)}{h}$$

$$= \lim_{h \to 0} \frac{3h}{h} = 3$$

**정의 2 (편도함수)**

정의역의 모든 점 $(x, y)$에서 함수 $z = f(x, y)$가 $x$에 관하여 편미분 가능하면 극한값

$$f_x(x, y) = \lim_{h \to 0} \frac{f(x+h, y) - f(x, y)}{h}$$

는 $x$의 함수가 된다. 이 함수 $f_x(x, y)$를 $x$**에 관한 편도함수**라 하고

$$f_x(x, y), \ \frac{\partial}{\partial x} f(x, y), \ \frac{\partial z}{\partial x}, \ z_x$$

와 같이 나타낸다. 같은 방법으로 $y$에 관하여 편미분 가능하면 극한값

$$f_y(x, y) = \lim_{h \to 0} \frac{f(x, y+h) - f(x, y)}{h}$$

는 $y$의 함수가 된다. 이 함수 $f_y(x, y)$를 $y$**에 관한 편도함수**라 하고

$$f_y(x, y), \ \frac{\partial}{\partial y} f(x, y), \ \frac{\partial z}{\partial y}, \ z_y$$

와 같이 나타낸다.

**예제 2** $f(x, y)=x^2+3y^2$ 에서 $f_x(x, y)$, $f_y(x, y)$을 구하여라.

【풀이】

$$\begin{aligned} f_x(x, y) &= \lim_{h\to 0}\frac{\{(x+h)^2+3y^2\}-(x^2+3y^2)}{h} \\ &= \lim_{h\to 0}\frac{2xh+h^2}{h}=2x \end{aligned}$$

$$\begin{aligned} f_y(x, y) &= \lim_{h\to 0}\frac{\{x^2+3(y+h)^2\}-(x^2+3y^2)}{h} \\ &= \lim_{h\to 0}\frac{6yh+h^2}{h}=6y \end{aligned}$$

이변수 함수 $z=f(x, y)$에서 $x$에 관한 편도함수 $f_x(x, y)$는 변수 $y$를 상수로 간주하여 $z$를 $x$에 관하여 미분하여 얻을 수 있으며, $y$에 관한 편도함수 $f_y(x, y)$는 변수 $x$를 상수로 간주하여 $z$를 $y$에 관하여 미분하여 얻을 수 있다.

**예제 3** 다음 함수의 편도함수를 구하여라.

(1) $f(x, y)=x^3+3xy^2-y^4$

(2) $f(x, y)=xe^y+xy^4$

【풀이】

(1) $f_x(x, y)=3x^2+3y^2$, $\quad f_y(x, y)=6xy-4y^3$

(2) $f_x(x, y)=e^y+y^4$, $\quad f_y(x, y)=xe^y+4xy^3$

함수 $z=f(x, y)$의 편도함수 $f_x(x, y)$, $f_y(x, y)$는 다시 $x$와 $y$에 관한 이변수 함수임으로 $x$ 및 $y$관하여 편도함수를 생각할 수 있다. 이변수 함수 $f(x, y)$의 편도함수 $f_x(x, y)$, $f_y(x, y)$가 다시 $x$ 및 $y$관하여 편미분 가능할 때 $f(x, y)$의 **2계 편도함수**라 하고 다음과 같은 기호로 표시한다.

$$\frac{\partial}{\partial x} f_x(x, y) = \frac{\partial^2}{\partial x^2} f(x, y) = f_{xx}(x, y)$$
$$\frac{\partial}{\partial y} f_x(x, y) = \frac{\partial^2}{\partial y \partial x} f(x, y) = f_{xy}(x, y)$$
$$\frac{\partial}{\partial x} f_y(x, y) = \frac{\partial^2}{\partial x \partial y} f(x, y) = f_{yx}(x, y)$$
$$\frac{\partial}{\partial y} f_y(x, y) = \frac{\partial^2}{\partial y \partial y} f(x, y) = f_{yy}(x, y)$$

같은 방법으로 3계 이상의 편도함수도 정의하며, 2계 이상의 편도함수를 고계 편도함수라 한다.

**예제 4** $f(x, y) = x^2y^3 + xe^y$의 2계편도함수를 구하여라.

【풀이】 $f_x(x, y) = 2xy^3 + e^y$ $\quad f_y(x, y) = 3x^2y^2 + xe^y$

$f_{xy}(x, y) = 6xy^2 + e^y$ $\quad f_{yx}(x, y) = 6xy^2 + e^y$

$f_{xx}(x, y) = 2y^3$ $\quad f_{yy}(x, y) = 6x^2y + xe^y$

**예제 5** $f(x, y, z) = e^x \cdot e^{2y} \cdot e^{3z}$에서 $f_{xyz}(x, y, z)$을 계산하여라.

【풀이】 $f_x(x, y, z) = e^x \cdot e^{2y} \cdot e^{3z}$, $f_{xy}(x, y, z) = 2 \cdot e^x \cdot e^{2y} \cdot e^{3z}$,

$f_{xyz}(x, y, z) = 6e^x \cdot e^{2y} \cdot e^{3z}$

**문제 1** 다음 함수의 2계편도함수를 구하여라.

(1) $f(x, y) = 2x^2y + x^4e^y$

(2) $f(x, y) = \sin(2x + 3y)$

(3) $f(x, y) = (x^2 + y + 2)^4$

(4) $f(x, y) = e^{xy} + 2xy^2$

## 6.2 합성함수의 편미분법

**정리 1 (합성함수의 편미분 1)**

함수 $z=f(u, v)$의 편도함수 $f_u(u, v)$, $f_v(u, v)$가 연속이고, 함수 $u=g(x)$, $v=h(x)$가 각각 $x$에 대하여 미분가능이면

$$\frac{dz}{dx}=\frac{\partial z}{\partial u}\cdot\frac{du}{dx}+\frac{\partial z}{\partial v}\cdot\frac{dv}{dx}$$

**예제 1** $f(u, v)=e^{uv}$, $u=x^2$, $v=\sin x$에서 $\frac{dz}{dx}$를 계산하여라.

【풀이】

$$\frac{dz}{dx}=\frac{\partial z}{\partial u}\cdot\frac{du}{dx}+\frac{\partial z}{\partial v}\cdot\frac{dv}{dx}$$

$$=ve^{uv}\frac{du}{dx}+ue^{uv}\frac{dv}{dx}$$

$$=\sin x\cdot e^{x^2\sin x}\cdot 2x+x^2\cdot e^{x^2\sin x}\cos x$$

$$=(2x\cdot\sin x+x^2\cdot\cos x)\cdot e^{x^2\sin x}$$

**정리 2 (합성함수의 편미분 2)**

함수 $z=f(x, y)$가 편미분 가능이고 $y=g(x)$가 $x$에 관하여 미분 가능이면

$$\frac{dz}{dx}=\frac{\partial z}{\partial x}+\frac{\partial z}{\partial y}\cdot\frac{dy}{dx}$$

**예제 2** $z=3x^2y$, $y=\cos x$에서 $\frac{dz}{dx}$를 계산하여라.

【풀이】 $$\frac{dz}{dx}=6xy-3x^2\cdot\sin x$$

**정리 3 (합성함수의 편미분 3)**

함수 $z=f(u, v)$가 $u$와 $v$에 관하여 편미분 가능이고, $u=g(x, y)$와 $v=h(x, y)$가 각각 $x$와 $y$에 대하여 편미분 가능일 때

(1) $\dfrac{\partial z}{\partial x}=\dfrac{\partial z}{\partial u}\cdot\dfrac{\partial u}{\partial x}+\dfrac{\partial z}{\partial v}\cdot\dfrac{\partial v}{\partial x}$

(2) $\dfrac{\partial z}{\partial y}=\dfrac{\partial z}{\partial u}\cdot\dfrac{\partial u}{\partial y}+\dfrac{\partial z}{\partial v}\cdot\dfrac{\partial v}{\partial y}$

**예제 3** 함수 $z=u^v$, $u=x+y$, $v=e^x$에서 $\dfrac{\partial z}{\partial x}$를 구하여라.

【풀이】 $\dfrac{\partial z}{\partial u}=v\cdot u^{v-1}$, $\dfrac{\partial u}{\partial x}=1$, $\dfrac{\partial z}{\partial v}=u^v\cdot\ln u$, $\dfrac{\partial v}{\partial x}=e^x$,

$\dfrac{\partial u}{\partial y}=1$, $\dfrac{\partial v}{\partial y}=0$ 이므로

$$\begin{aligned}\frac{\partial z}{\partial x}&=v\cdot u^{v-1}\cdot 1+u^v\cdot\ln u\cdot e^x\\&=e^x\cdot(x+y)^{e^x-1}+(x+y)^{e^x}\cdot\ln(x+y)\cdot e^x\\&=e^x(x+y)^{e^x-1}\{1+(x+y)\ln(x+y)\}\end{aligned}$$

$$\begin{aligned}\frac{\partial z}{\partial y}&=v\cdot u^{v-1}\cdot 1+u^v\cdot\ln u\cdot 0\\&=e^x\cdot(x+y)^{e^x-1}\end{aligned}$$

**문제 1** 다음을 계산하여라.

(1) $z=xy^3$, $y=\sin x$일 때 $\dfrac{dz}{dx}$

(2) $f(u, v)=e^{uv}$, $u=2x^3$, $v=\cos x$일 때 $\dfrac{dz}{dx}$

(3) $z=u^v$, $u=x-y$, $v=e^{2x}$일 때 $\dfrac{\partial z}{\partial x}$

## 6.3 음함수의 편미분법

음함수 $f(x, y)=0$ 에서 양변을 $x$ 에 관하여 미분하면 합성함수의 편미분법에 의하여 $\frac{\partial f}{\partial x}+\frac{\partial f}{\partial y}\cdot\frac{dy}{dx}=0$ 이다. 따라서 다음정리가 성립한다.

**정리 4 (음함수의 편미분 1)**

$y$ 가 $f(x, y)=0$ 과 같이 $x$ 에 관한 음함수이면

$$\frac{dy}{dx}=-\frac{\frac{\partial f}{\partial x}}{\frac{\partial f}{\partial y}} \quad \left(\text{단, } \frac{\partial f}{\partial y}\neq 0\right)$$

**예제 1** 다음 함수에서 $\frac{dy}{dx}$ 를 구하여라.

(1) $3x^2+y^3=x^3y$

(2) $x\cos y+y\sin x=0$

【풀이】 (1) $f(x, y)=3x^2+y^3-x^3y$ 라 하면

$$\frac{\partial f}{\partial x}=6x-3x^2y,\ \frac{\partial f}{\partial y}=3y^2-x^3 \text{ 이므로}$$

$$\frac{dy}{dx}=\frac{6x-3x^2y}{x^3-3y^2}$$

(2) $f(x, y)=x\cos y+y\sin x$ 라 하면

$$\frac{\partial f}{\partial x}=\cos y+y\cos x,\ \frac{\partial f}{\partial y}=-x\sin y+\sin x \text{ 이므로}$$

$$\frac{dy}{dx}=-\frac{\cos y+y\cos x}{-x\sin y+\sin x}$$

$$=\frac{\cos y+y\cos x}{x\sin y-\sin x}$$

**정리 5 (음함수의 편미분 2)**

$z$가 $f(x, y, z)=0$과 같이 $x, y$에 관한 음함수이면

(1) $\dfrac{\partial z}{\partial x} = -\dfrac{\dfrac{\partial f}{\partial x}}{\dfrac{\partial f}{\partial z}}$ $\left(단,\ \dfrac{\partial f}{\partial z} \neq 0\right)$

(2) $\dfrac{\partial z}{\partial y} = -\dfrac{\dfrac{\partial f}{\partial y}}{\dfrac{\partial f}{\partial z}}$ $\left(단,\ \dfrac{\partial f}{\partial z} \neq 0\right)$

**예제 2** $x^3+y^2+z-xyz=0$에서 $\dfrac{\partial z}{\partial x}$와 $\dfrac{\partial z}{\partial y}$를 구하여라.

**【풀이】** $f(x, y, z)=x^2+y^3-z-xyz$이라 하면

$\dfrac{\partial f}{\partial x}=3x^2-yz,\ \dfrac{\partial f}{\partial y}=2y-xz,\ \dfrac{\partial f}{\partial z}=1-xy$이므로

$$\frac{\partial z}{\partial x}=-\frac{3x^2-yz}{1-xy}=\frac{3x^2-yz}{xy-1}$$

$$\frac{\partial z}{\partial y}=-\frac{2y-xz}{1-xy}=\frac{2y-xz}{xy-1}$$

**문제 1** 다음 함수에서 $\dfrac{\partial z}{\partial x}$와 $\dfrac{\partial z}{\partial y}$를 구하여라.

(1) $x^3y+y^2-xyz^2=0$

(2) $x+y^2+z=\ln z$

(3) $x\sin y+y\cos x+z=0$

(4) $x+y^2+\cos xyz=0$

## 6.4 전미분

이변수 함수 $z=f(x, y)$에서 변수 $x$가 $\Delta x$만큼 증가하고, 변수 $y$가 $\Delta y$만큼 증가하면 함숫값 $z$는 $f(x, y)$에서 $f(x+\Delta x, y+\Delta y)$로 $\Delta z=f(x+\Delta x, y+\Delta y)-f(x, y)$만큼 변화한다. $z$의 변화량 $\Delta z$을 함수 $z=f(x, y)$의 증분이라 한다. 즉

$$\Delta z=f(x+\Delta x,\ y+\Delta y)-f(x, y)$$

함수 $z=f(x, y)$의 증분 $\Delta z$에서 $\Delta x$, $\Delta y$를 충분히 작게 잡으면 $\Delta z$의 근사값으로

$$\Delta z \fallingdotseq \frac{\partial z}{\partial x}\Delta x+\frac{\partial z}{\partial y}\Delta y$$

을 택할 수 있다. 이 때 $f_x(x, y)\Delta x+f_y(x, y)\Delta y$을 함수 $z=f(x, y)$의 **전미분**(total differential)이라 하고 다음과 같이 표시한다.

$$dz=\frac{\partial z}{\partial x}\Delta x+\frac{\partial z}{\partial y}\Delta y$$

이변수 함수 $z=f(x, y)$에서 변수 $x$와 $y$를 $z$의 독립변수로 보면 $\Delta x=dx$, $\Delta y=dy$이므로 전미분 $dz$은 다음과 같이 나타낼 수 있다.

$$dz=\frac{\partial z}{\partial x}dx+\frac{\partial z}{\partial y}dy$$

3변수 이상의 함수에 대하여도 같은 방법으로 전미분을 정의할 수 있다. 즉

$u=f(x, y, z)$이면

$$du=\frac{\partial u}{\partial x}dx+\frac{\partial u}{\partial y}dy+\frac{\partial u}{\partial z}dz$$

**예제 1** 함수 $z = f(x, y) = x^2y + 2y$에서 $x$가 2에서 2.01로, $y$가 1 에서 1.02로 변화할 때, 함수 $f(x, y)$의 증분 $\Delta z$ 과 전미분 $dz$를 구하여라.

【풀이】 $f(x, y) = x^2y + 2y$ 에서

$f_x(x, y) = 2xy,\ f_y(x, y) = x^2 + 2,\ dx = \Delta x = 0.01$

$dy = \Delta y = 0.02$ 이므로 $f(x, y)$의 전미분 $dz$은

$$\begin{aligned} dz &= f_x(2,1)\cdot dx + f_y(2,1)\cdot dy \\ &= 4\cdot(0.01) + 6\cdot(0.02) = 0.16 \end{aligned}$$

$z$의 증분은

$$\begin{aligned} \Delta z &= f(x+\Delta x,\ y+\Delta y) - f(x, y) \\ &= f(2.01, 1.02) - f(2, 1) \\ &= (2.01^2 \bullet 1.02 + 2 \bullet 1.02 - 2^2 \bullet 1 + 2 \bullet 1 \\ &= 0.160902 \end{aligned}$$

**예제 2** 함수 $z = x^3 + x^2y + 2y^4$의 전미분을 구하여라.

【풀이】 $\dfrac{\partial z}{\partial x} = 3x^2 + 2xy,\ \dfrac{\partial z}{\partial x} = x^2 + 8y^3$ 이므로

$dz = (3x^2 + 2xy)dx + (x^2 + 8y^3)dy$

**문제 1** 다음 함수의 전미분을 구하여라.

(1) $z = x^3y + e^xy + y^4$

(2) $z = x^2y + e^x\cos y + xy^3$

**예제 3** 함수 $u=f(x, y, z)=x^2y^4z^6$의 전미분을 구하여라.

【풀이】 $f_x(x, y, z)=2xy^4z^6$, $f_y(x, y, z)=4x^2y^3z^6$,

$f_x(x, y, z)=6x^2y^4z^5$이므로

$$du=f_x(x, y, z)dx+f_y(x, y, z)dy+f_z(x, y, z)dz$$

$$=2xy^4z^6dx+4x^2y^3z^6dy+6x^2y^4z^5dz$$

## 연 습 문 제

1. 다음 함수의 1계, 2계 편도함수를 구하여라.

(1) $f(x, y)=x^2y+x^3e^y+\sin x$

(2) $f(x, y)=e^{xy}+x^2y^2+3x^2$

2. 다음을 계산하여라.

(1) $z=x^2y^3$, $y=\cos x$일 때 $\frac{dz}{dx}$

(2) $f(u, v)=e^{uv}$, $u=3x^4$, $v=\sin x$일 때 $\frac{dz}{dx}$

3. 다음 함수에서 $\frac{\partial z}{\partial x}$와 $\frac{\partial z}{\partial y}$를 구하여라.

(1) $2x^3y+y=xy^3z^2$

(2) $x^2\sin y+ye^x+z=0$

4. 다음 함수의 전미분을 구하여라.

(1) $z=3x^3y+8xy+y$

(2) $z=x^2y^4+e^x\sin y+xy$

# 제7장 미분방정식

## 7.1 미분방정식의 정의

공업수학에서 가장 중요한 분야 중의 하나가 미분방정식이다. 우리가 사는 세상의 모든 물체는 움직이는 상태와 움직이지 않는 상태로 구분할 수 있다. 움직이는 모든 물체의 물리적 법칙을 수식화하면 미분방정식이 된다. 공학이나 자연과학 분야 뿐 만 아니라 빠르게 변화하고 있는 사회 속에서 살고 있는 우리의 관심사 대부분은 변하고 있으므로 미분방정식이 된다. 뉴턴의 운동법칙, 아인슈타인의 상대성 원리, 맥스웰방정식, 슐뢰딩거의 방정식 등 공학의 기초가 되는 대부분의 식들은 미분방정식이다.

독립변수 $x$에 관한 종속변수 $y$와 그의 도함수 $\dfrac{dy}{dx}, \dfrac{d^2y}{d^2x}, \cdots$ 등을 포함하는 방정식을 **미분방정식**(differential equation)이라 한다. 독립변수가 하나로서 상미분만을 포함하고 있는 방정식을 **상미분방정식**(ordinary differential equation)이라 한다. 독립변수가 2개 이상이고 편도함수를 포함하고 있는 방정식을 **편미분방정식**(partial differential equation)이라 한다.

미분방정식에 포함되어 있는 최고계도함수의 계수를 미분방정식의 **계수**(order)라 하고 최고계도함수의 차수를 미분방정식의 **차수**(degree)라 한다.

**예제 1** 상미분방정식의 예

(1) $y' = x^2 + 2x + 3$ : 1계 1차

(2) $(y')^2 + y' - 3 = 0$ : 1계 2차

(3) $(y'')^2 + y' - 3 = x^2$ : 2계 2차

(4) $\dfrac{d^2y}{d^2x} + 2\dfrac{dy}{dx} + y = 0$ : 2계 1차

**예제 2** 편미분방정식의 예

(1) $\left(\frac{\partial^2 z}{\partial x^2}\right)^2 + \left(\frac{\partial^2 z}{\partial y^2}\right)^2 = 0$ : 2계 2차

(2) $\frac{\partial z}{\partial x} + \frac{\partial z}{\partial y} = 2x + y$ : 1계 1차

(3) $\frac{\partial^2 u}{\partial x^2} + \frac{\partial^2 u}{\partial y^2} + \frac{\partial^2 u}{\partial z^2} = 0$ : 2계 1차

(4) $\left(\frac{\partial z}{\partial x}\right)^2 + \left(\frac{\partial z}{\partial y}\right)^2 = 0$ : 1계 2차

미분방정식을 만족하는 함수를 미분방정식의 해라고 하고 이 해를 구하는 것을 미분방정식을 푼다고 한다. 미분방정식의 계수와 같은 갯수의 임의의 상수를 포함하고 있는 해를 **일반해**(general solution)라 하고 일반해의 임의의 상수에 특정한 값을 대입하여 얻은 해를 **특수해**(particular solution)라고 한다.

**예제 3** $y'' = x^2 + 3$ 의 일반해를 구하여라.

【풀이】 양변을 $x$에 관하여 적분하면

$$\int y''\,dx = \int (x^2+3)\,dx = \frac{1}{3}x^3 + 3x + c_1$$

$$\therefore\ y' = \frac{1}{3}x^3 + 3x + c_1$$

양변을 $x$에 관하여 적분하면

$$\int y'\,dx = \int \left(\frac{1}{3}x^3 + 3x + c_1\right)dx$$

$$= \frac{1}{12}x^4 + \frac{3}{2}x^2 + c_1 x + c_2$$

$$\therefore\ y = \frac{1}{12}x^4 + \frac{3}{2}x^2 + c_1 x + c_2$$

예제 3에서 $y=\frac{1}{12}x^4+\frac{3}{2}x^2+2x+1$, $y=\frac{1}{12}x^4+\frac{3}{2}x^2+x$ 등은 일반해의 임의의 상수에 특정한 값을 대입하여 얻은 특수해이다.

**예제 4** $y'=x+\sin x$ 의 일반해를 구하여라.

【풀이】 양변을 $x$에 관하여 적분하면

$$\int y'\,dx=\int x+\sin x\,dx=\frac{1}{2}x^2-\cos x+c$$

$$y=\frac{1}{2}x^2-\cos x+c$$

**문제 1** 다음 미분방정식의 일반해를 구하여라.

(1) $y'=x^2+\cos x+e^x$

(2) $y''=e^x+\sin x$

**예제 5** 함수 $y=xe^x$ 은 $y''-2y'+y=0$ 의 해이다.

【풀이】 $y=xe^x$ 를 $x$에 관하여 미분하면

$$y'=xe^x+e^x,\quad y''=xe^x+2e^x$$

$y', y''$을 미분방정식에 대입하면

$$y''-2y'+y=(xe^x+2e^x)-2(xe^x+e^x)+xe^x=0$$

$(x-c)^2+y^2=1$은 $y^2(1+(y')^2)=1$의 일반해이다. 또, $y=\pm 1$도 주어진 미분방정식을 만족하므로 하나의 해이다. 그러나 $y=\pm 1$은 일반해의 임의의 상수 $c$에 어떠한 수를 대입해도 얻을 수 없다. 이와같이 일반해에 포함되지 않는 해를 **특이해**(singular solution)라고 한다.

## 연습문제

1. 다음 미분방정식의 차수와 계수를 구하여라.

(1) $y'' + 4y' - 3x = 0$

(2) $(y'')^2 = 16e^{4x}$

(3) $\dfrac{d^2y}{d^2x} + 2\dfrac{dy}{dx} + y = P(x)$

(4) $\sqrt[3]{\left(\dfrac{d^2y}{dx^2}\right)^2} = \sqrt{1+\left(\dfrac{dy}{dx}\right)^2}$

2. 다음 미분방정식의 일반해를 구하여라.

(1) $y' + 2x^2 - 4x = 0$

(2) $y'' = 4x$

(3) $y' = \sin x + \cos x$

(4) $y' + 2 = e^{-x}$

3. 함수 $y = a\sin x + b\cos x$에서 상수 $a, b$를 소거하여 미분방정식을 만들어라.

4. 다음 각 식에서 임의의 상수를 소거하여라.

(1) $y = x^2 + 2ax + b$

(2) $y = ae^x + be^{-x}$

(3) $y = a\sin x + b$

(4) $y = ae^{-2x} + e^{-x}$

## 7.2 1계 미분방정식

### (1) 변수분리형 미분방정식

1계 미분방정식 $F(x, y, y')=0$에서 대수적 방법에 의하여 $x$와 $y$의 함수로 분리하여

$$P(x)\,dx = Q(y)\,dy \qquad (1)$$

의 형태로 나태 낼 수 있는 미분방정식을 **변수분리형 미분방정식** (separable differential equation)이라 한다. 변수분리형 미분방정식 (1)의 좌변을 $x$ 관하여, 우변을 $y$에 관하여 적분하면 다음과 같은 일반해를 구할 수 있다.

$$\int P(x)\,dx = \int Q(y)\,dy + c$$

**예제 1** 미분방정식 $x + y^2 \dfrac{dy}{dx} = 0$의 일반해를 구하여라.

【풀이】 주어진 식은 $x\,dx + y^2\,dy = 0$ 또는 $x\,dx = -y^2\,dy$로 변수분리형이다. 이를 각각 적분하면

$$\int x\,dx = \int -y^2\,dy + c$$

$$\therefore \ \frac{1}{2}x^2 = -\frac{1}{3}y^3 + c$$

**예제 2** 미분방정식$(x+1)\dfrac{dy}{dx} + (y+1) = 0$의 일반해를 구하여라.

【풀이】 주어진 식은 $\dfrac{1}{y+1}dy + \dfrac{1}{x+1}dx = 0$

적분하면 $\displaystyle\int \frac{1}{y+1}dy + \int \frac{1}{x+1}dx = c_1$

$$\log(y+1) + \log(x+1) = c_1$$

$$\therefore \ (y+1)(x+1) = e^{c_1} = c$$

**문제 1** 다음 미분방정식의 일반해를 구하여라.

(1) $x + y\dfrac{dy}{dx} = x^2 + 1$

(2) $9yy' + 4x = \sin x$

### (2) 동차형 미분방정식

1계 미분방정식 $F(x, y, y') = 0$에서 대수적 방법에 의하여

$$y' = g\left(\frac{y}{x}\right) \qquad (2)$$

의 형태로 나타 낼 수 있는 미분방정식을 **동차형 미분방정식**(homogeneous differential equation)이라 한다. 동차형 미분방정식은 다음과 같은 방법으로 일반해를 구할 수 있다. $\dfrac{y}{x} = u$라 하면 $y = ux$이다. 양변을 미분하면

$$\frac{dy}{dx} = u + x\frac{du}{dx}$$

따라서 주어진 미분방정식 (2)은

$$u + x\frac{du}{dx} = g(u)$$

이다. 변수 $x$와 $u$을 분리하면

$$\frac{1}{g(u) - u}\,du = \frac{1}{x}\,dx$$

이므로 변수분리형 미분방정식의 방법으로 해를 구한 후 $u = \dfrac{y}{x}$로 치환하면 일반해가 된다.

**예제 3** 미분방정식 $2xyy' - y^2 = 0$을 풀어라.

【풀이】 양변을 $x^2$으로 나누면 $2\dfrac{y}{x}y' - \left(\dfrac{y}{x}\right)^2 = 0$

$\dfrac{y}{x} = u$라 하면 $y' = u + xu'$ 이므로

$$2u(u + xu') - u^2 = 0$$

변수분리하면 $\dfrac{2}{u}du + \dfrac{1}{x}dx$ 이고 이를 적분하면

$$2\ln|u| + \ln|x| = c^* \text{ 또는 } xu^2 = c$$

$u = \dfrac{y}{x}$ 을 대입하면 $y^2 = cx$이다.

**예제 4** 미분방정식 $(x^2 + y^2)dx + xydy = 0$을 풀어라.

【풀이】 양변을 $x^2$으로 나누면

$$\left(1 + \frac{y^2}{x^2}\right)dx + \frac{y}{x}dy = 0$$

$\dfrac{y}{x} = u$라 하면 $y' = u + xu'$ 이고

$$(1 + u^2)dx + udy = 0$$

이므로

$$(1 + u^2) + u(u + xu') = 0$$

변수 $x$와 $u$을 분리하면

$$\frac{1}{x}dx + \frac{u}{1 + 2u^2}du = 0$$

적분하면 $\ln|x| + \dfrac{1}{4}\ln(2u^2 + 1) = \dfrac{1}{4}c_1$

$$\therefore \ x^4(2u^2 + 1) = \pm e^{c_1}$$

$u = \dfrac{y}{x}$ 을 대입하면

$$2x^2y^2 + x^4 = c \ (c = \pm e^{c_1})$$

**문제 2** 다음 미분방정식의 일반해를 구하여라.

(1) $(x+y)dx+(x-y)dy=0$

(2) $xy^2\dfrac{dy}{dx}=x^3+y^3$

(3) $2xyy'+x^2-y^2=0$

(4) $(x^2-y^2)dx+2xydy=0$

### (3) 완전 미분방정식

1계 미분방정식

$$M(x,y)dx+N(x,y)dy=0 \qquad (3)$$

의 좌변이 어떤 함수 $u(x,y)$의 완전 미분

$$du(x,y)=\frac{\partial u}{\partial x}dx+\frac{\partial u}{\partial y}dy \qquad (4)$$

이 되는 형태의 미분방정식을 **완전 미분방정식**(exact differential equation)이라 한다. 이때, 미분 방정식 (3)은 $du=0$으로 쓸 수 있으므로 일반해는 $u(x,y)=c$ 가 된다.

(3)식과 (4)식을 비교하면

$$\frac{\partial u}{\partial x}=M(x,y),\ \ \frac{\partial u}{\partial y}=N(x,y)$$

인 함수 $u(x,y)$가 존재하면 완전 미분방정식이다. 그리고

$$\frac{\partial M}{\partial y}=\frac{\partial^2 u}{\partial y\partial x}=\frac{\partial N}{\partial x} \qquad (5)$$

임을 알 수 있다. 따라서 (5)식은 (3)식이 완전 미분방정식이 되기위한 필요충분조건이다.

식 $\dfrac{\partial u}{\partial x}=M(x,y)$ 을 $x$에 관하여 적분하면

$$u=\int M\,dx+k(y) \qquad (6)$$

이고 $k(y)$는 적분상수 역할을 한다. 식(6)에서 $\dfrac{\partial u}{\partial y}$를 구한 후 $\dfrac{\partial u}{\partial y} = N(x, y)$를 이용하여 $\dfrac{dk}{dy}$를 구한 다음 적분하면 $k(y)$를 구할 수 있다. 그리고 일반해는

$$u(x, y) = \int M\,dx + \int [N - \frac{\partial}{\partial y}\int M\,dx]\,dy = c$$

임을 확인 할 수 있다.

**예제 5** 미분방정식 $(2xy^3+2)dx + (3x^2y^2+8e^{4y})dy = 0$을 풀어라.

【풀이】 $M(x,y) = 2xy^3+2$, $N(x,y) = 3x^2y^2+8e^{4y}$ 라 하면

$$\frac{\partial M}{\partial y} = 6xy^2 = \frac{\partial N}{\partial x}$$

이므로 완전미분방정식이다.

$$\begin{aligned} u &= \int M\,dx + k(y) \\ &= \int (2xy^3+2)\,dx + k(y) \\ &= x^2y^3 + 2x + k(y) \end{aligned}$$

라 하자. $\dfrac{\partial u}{\partial y} = 3x^2y^2 + \dfrac{d}{dy}k(y)$ 이고

$\dfrac{\partial u}{\partial y} = N(x, y)$ 이므로 $3x^2y^2 + \dfrac{d}{dy}k(y) = 3x^2y^2+8e^{4y}$

$$\therefore \frac{d}{dy}k(y) = 8e^{4y} \text{ 이고 } k(y) = 2e^{4y}$$

$$u(x, y) = x^2y^3 + 2x + 2e^{4y}$$

따라서 일반해는 다음과 같다.

$$x^2y^3 + 2x + 2e^{4y} = c$$

**예제 6** 미분방정식 $(x^3+2xy+y)dx+(y^3+x^2+x)dy=0$을 풀어라.

【풀이】 $M(x, y)=x^3+2xy+y$, $N(x, y)=y^3+x^2+x$ 라 하면

$$\frac{\partial M}{\partial y}=2x+1=\frac{\partial N}{\partial x}$$

이므로 완전미분방정식이다.

공식에 의하여 일반해를 구해보자.

$$\begin{aligned} u(x, y) &= \int M\,dx+\int\left[N-\frac{\partial}{\partial y}\int M\,dx\right]dy \\ &= \int (x^3+2xy+y)dx + \\ &\quad \int\left[(y^3+x^2+x)-\frac{\partial}{\partial y}\int(x^3+2xy+y)dx\right]dy \\ &= \frac{1}{4}x^4+x^2y+xy+\int[(y^3+x^2+x)-(x^2+x)]dy \\ &- \frac{1}{4}x^4+x^2y+xy+\frac{1}{4}y^2 \end{aligned}$$

따라서 일반해는 다음과 같다.

$$\frac{1}{4}x^4+x^2y+xy+\frac{1}{4}y^2=c$$

**문제 3** 다음 미분방정식의 일반해를 구하여라.

(1) $(2x^3+3y)dx+(3x+y+1)dy=0$

(2) $(x^3+3xy^2)dx+(3x^2y+y^3)dy=0$

(3) $(xy^2-1)dx+(x^2y+e^y)dy=0$

(4) $(x+2xy)dx+(y+x^2+1)dy=0$

### (4) 1계 선형미분방정식

1계 상미분방정식이 $y' + p(x)y = r(x)$ 와 같이 $y$ 와 $y'$ 에 대한 1차식의 형태로 쓸 수 있는 방정식을 **선형**(linear)이라고 한다. 이때 $r(x)=0$ 이면 **제차 선형미분방정식**(homogeneous differential equation )라 하고 $r(x) \neq 0$ 이면 **비제차 선형미분방정식**(nonhomogeneous differential equation)라고 한다.

① 제차 상미분방정식의 일반해

$$y' + p(x)y = 0$$

을 변수분리하면

$$\frac{1}{y}dy + p(x)dx = 0$$

이 되고 적분하면

$$\ln|y| + \int p(x)dx = c$$

$$\therefore\ y = \pm e^{c - \int p(x)dx}$$

$$= ce^{-h}\ (\text{단, } h = \int p(x)dx,\ c = \pm e^{c})$$

② 비제차 상미분방정식의 일반해

$$y' + p(x)y = r(x)$$

의 양변에 $e^{\int p(x)dx}$ 을 곱하면

$$e^{\int p(x)dx}(y' + p(x)y) = e^{\int p(x)dx}r(x)$$

$$\left(e^{\int p(x)dx}y\right)' = e^{\int p(x)dx}(y' + p(x)y)\ \text{이므로}$$

$$e^{\int p(x)dx}y = \int e^{\int p(x)dx}r(x)dx + c$$

$$\therefore\ y = e^{-h}\left[\int e^{h}r(x)dx + c\right]\ (\text{단, } h = \int p(x)dx)$$

**예제 7** 미분방정식 $y' + 2xy = x$을 풀어라.

【풀이】 $h = \int 2x\,dx = x^2$ 이므로

$$y = e^{-x^2}\left(\int e^{x^2} x\,dx + c\right)$$
$$= e^{-x^2}\left(\frac{1}{2}e^{x^2} + c\right)$$
$$= \frac{1}{2} + ce^{-x^2}$$

**예제 8** 미분방정식 $y' - y = e^{3x}$을 풀어라.

【풀이】 $h = \int -1\,dx = -x$이므로

주어진 미분방정식에 $e^h = e^{-x}$을 곱하면

$$(y' - y)e^{-x} = e^{3x}e^{-x} = e^{2x}$$

$(ye^{-x})' = y'e^{-x} - ye^{-x} = (y' - y)e^{-x}$ 이므로

$$(ye^{-x})' = e^{2x}$$

양변을 적분하면

$$ye^{-x} = \int e^{2x}\,dx + c = \frac{1}{2}e^{2x} + c$$

$$\therefore\ y = \frac{1}{2}e^{3x} + ce^{x}$$

**문제 4** 다음 미분방정식의 일반해를 구하여라.

(1) $y' - y = e^x$

(2) $y' - y = 4e^{2x}$

(3) $y' - 3y = 0$

(4) $y' + 2y = 3x - 1$

## 연 습 문 제

1. 다음 변수분리형 미분방정식의 일반해를 구하여라.
   (1) $xy\,dx+(1+x^2)\,dy=0$
   (2) $(x+2)y'+(y+3)=0$
   (3) $x^2+e^x+y^2\dfrac{dy}{dx}=0$
   (4) $y\,dx+(1+x)\,dy=0$

2. 다음 동차형 미분방정식의 일반해를 구하여라.
   (1) $y^2-(x^2+xy)y'=0$
   (2) $y'=\dfrac{2xy+y^2}{x^2}$
   (3) $xy\,dx-(x^2+y^2)dy=0$
   (4) $3xy-(3x^2+y^2)y'=0$

3. 다음 완전 미분방정식의 일반해를 구하여라.
   (1) $x(x^2+2y)\,dx+(x^2+y^2)\,dy=0$
   (2) $xy'+y+2=0$
   (3) $2xy^3+3x^2y^2y'=0$
   (4) $(y\cos x+2xe^y)dx+(\sin x+x^2e^y-1)dy=0$

4. 다음 선형 미분방정식의 일반해를 구하여라.
   (1) $y'+2y=e^{-x}$
   (2) $y'-2xy=x$
   (3) $y'-2y=12$
   (4) $y'-2xy=4x$

## 7.3 2계 선형미분방정식

$p(x)$, $q(x)$, $r(x)$가 $x$만의 함수인 2계 상미분방정식

$$y'' + p(x)y' + q(x)y = r(x)$$

을 2계 선형 상미분방정식이라 한다. 이때, $r(x) = 0$이면 **제차 선형미분방정식**이라 하고 $r(x) \neq 0$이면 **비제차 선형비분방정식**이라 한다. 특히, $p(x)$, $q(x)$가 상수이고, $r(x) = 0$인 미분방정식 $y'' + ay' + by = 0$을 **상수계수 제차 선형미분방정식**이라 한다.

> **정리 1** $y_1$, $y_2$가 2계 제차 선형미분방정식
>
> $$y'' + p(x)y' + q(x)y = 0$$
>
> 의 해이면 임의의 상수 $c_1$, $c_2$에 대하여 $y = c_1y_1 + c_2y_2$도 해이다.

**예제 1** $y_1 = \sin x$, $y_2 = \cos x$가 $y'' + y = 0$의 해이므로 $y = c_1\sin x + c_2\cos x$ 도 $y'' + y = 0$의 해이다.

【풀이】

$$y_1'' + y_1 = -\sin x + \sin x = 0$$
$$y_2'' + y_2 = -\cos x + \cos x = 0$$

이므로 $y_1 = \sin x$, $y_2 = \cos x$는 $y'' + y = 0$의 해이다.

또한, $y = c_1y_1 + c_2y_2 = c_1\sin x + c_2\cos x$라 하면

$$y'' + y = (-c_1\sin x - c_2\cos x) + (c_1\sin x + c_2\cos x) = 0$$

이므로 $y = c_1y_1 + c_2y_2$도 $y'' + y = 0$의 해이다

**문제 1** $y = e^{2x}$, $y = e^{3x}$은 $y'' - 5y' + 6y = 0$의 해이다. $y = c_1e^{2x} + c_2e^{3x}$도 $y'' - 5y' + 6y = 0$의 해임을 확인하여라.

**정리 2** $y_p$ 가 2계 비제차 선형미분방정식

$$y'' + p(x)y' + q(x)y = r(x) \quad \cdots \quad (1)$$

의 한 특수해이고 $y_h$ 가 2계 제차 선형미분방정식

$$y'' + p(x)y' + q(x)y = 0$$

의 일반해이면 방정식 (1)의 일반해는 $y = y_h + y_p$ 이다.

**예제 2** $y_h = c_1 \sin 2x + c_2 \cos 2x$ 가 $y'' + 4y = 0$ 의 일반해이고

$y_p = x$ 이 $y'' + 4y = 4x$ 의 특수해이므로

$y = y_h + y_p = c_1 \sin 2x + c_2 \cos 2x + x$

은 $y'' + 4y = 4x$ 의 일반해이다.

【풀이】 $y_h{}'' + 4y_h{}'$
$= (-4c_1 \sin 2x - 4c_2 \cos 2x) + 4(c_1 \sin 2x + c_2 \cos 2x)$
$= 0$

이므로 $y_h = c_1 \sin 2x + c_2 \cos x$ 은 $y'' + 4y = 0$ 의

일반해이다. $y_p = x$ 라 하면 $y_p{}'' + 4y_p = 0 + 4x = 4x$

이므로 $y_p = x$ 은 $y'' + 4y = 4x$ 의 특수해이다. 따라서

$$y = y_h + y_p = c_1 \sin 2x + c_2 \cos 2x + x$$

은 $y'' + 4y = 4x$ 의 일반해이다.

**문제 2** 미분방정식 $y'' - 3y' + 2y = x$ 에서

$y_p = \frac{1}{2}x + \frac{3}{4}$ 이고 $y_h = c_1 e^x + c_2 e^{2x}$ 이다.

$y = y_h + y_p = c_1 e^x + c_2 e^{2x} + x$

이 $y'' - 3y' + 2y = x$ 의 일반해임을 확인하여라.

### (1) 상수계수 제차선형 미분방정식

2계 상수계수 제차 선형미분방정식

$$y''+ay'+by=0$$

의 일반해를 구하는 방법에 대하여 알아보자. $y=e^{\lambda x}$이라고 놓으면

$$y'=\lambda e^{\lambda x},\ y''=\lambda^2 e^{\lambda x}$$

를 얻는다. 따라서

$$\lambda^2 e^{\lambda x}+a\lambda e^{\lambda x}+be^{\lambda x} = (\lambda^2+a\lambda+b)e^{\lambda x}=0$$

이다. 여기에서 $e^{\lambda x}\neq 0$ 이므로

$$\lambda^2+a\lambda+b=0$$

이 된다. 이 방정식을 **특성방정식**(characteristic equation)이라 하고 특성방정식의 근을 **특성근**이라 한다.

2계 상수계수 제차 선형미분방정식은 특성방정식의 근에 따라 다음과 같은 일반해를 갖는다.

① 서로 다른 두 실근 $\lambda_1,\ \lambda_2$ 을 가질 때

$$y = c_1e^{\lambda_1 x}+c_2e^{\lambda_2 x}$$

**예제 3** 다음 미분방정식의 일반해를 구하여라.

$$y''-5y'+6y=0$$

【풀이】 $y=e^{\lambda x}$라 하면 특성방정식은

$$\lambda^2-5\lambda+6=0$$

$$(\lambda-2)(\lambda-3)=0$$

$$\therefore \lambda=2,\ 3$$

그러므로 미분방정식 $y''-5y'+6y=0$의 일반해는

$$y=c_1e^{2x}+c_2e^{3x}$$

**문제 3** 다음 미분방정식의 일반해를 구하여라.

(1) $y'' + y' - 6y = 0$

(2) $y'' + y' - 12y = 0$

② 중근 $\lambda = -\dfrac{a}{2}$ 을 가질 때 : $y = (c_1 + c_2 x)e^{\lambda x}$

**예제 4** 다음 미분방정식의 일반해를 구하여라.

$y'' - 6y' + 9y = 0$

【풀이】 $y = e^{\lambda x}$ 라 하면 특성방정식은

$$\lambda^2 - 6\lambda + 9 = 0$$

$$(\lambda - 3)^2 = 0$$

$$\lambda = 3 \text{ (중근)}$$

그러므로 미분방정식 $y'' - 6y' + 9y = 0$의 일반해는

$$y = (c_1 + c_2 x)e^{3x}$$

**문제 4** 다음 미분방정식의 일반해를 구하여라.

(1) $y'' + 4y' + 4y = 0$

(2) $y'' + 10y' + 25y = 0$

③ 두 허근 $\alpha \pm \beta i$ 을 가질 때

$y = e^{\alpha x}(c_1 \cos \beta x + c_2 \sin \beta x)$

**예제 5** 다음 미분방정식의 일반해를 구하여라.

$y'' + y' + y = 0$

【풀이】 $y=e^{\lambda x}$ 라 하면 특성방정식은

$$\lambda^2+\lambda+1=0$$

$$\therefore \ \lambda=\frac{-1\pm\sqrt{3}i}{2}$$

그러므로 미분방정식 $y''+y'+y=0$ 의 일반해는

$$y=e^{-\frac{x}{2}}\left(c_1\cos\frac{\sqrt{3}}{2}x+c_2\sin\frac{\sqrt{3}}{2}x\right)$$

**문제 5** 다음 미분방정식의 일반해를 구하여라.

(1) $y''-y'+2y=0$

(2) $y''+2y'+2y=0$

### (2) 미정계수법

2계 상수계수 비제차 선형미분방정식

$$y''+ay'+by=r(x)$$

의 특수해는 $r(x)$ 의 형태에 따라 다음과 같이 구할 수 있다.

① $r(x)$ 가 $n$ 차 다항식인 경우 :

$$y_p=k_0x^n+k_1x^{n-1}+\cdots+k_{n-1}x+k_n$$

**예제 6** 다음 미분방정식의 특수해를 구하여라.

$$y''+4y=x^3+2x+3$$

【풀이】 특수해를 구하기 위하여

$$y_p=ax^3+bx^2+cx+d$$

라 하면 $y_p''=6ax+2b$ 이다. 따라서

$$y_p'' + y_p = (6ax + 2b) + 4(ax^3 + bx^2 + cx + d)$$

$$= 4ax^3 + 4bx^2 + 2(3a + 2c)x + 2(b + 2d)$$

$$= x^3 + 2x + 3$$

$4a = 1,\ 4b = 0,\ 2(3a + 2c) = 2,\ 2(b + 2d) = 3$이므로

$$a = \frac{1}{4},\ b = 0,\ c = \frac{1}{8},\ d = \frac{3}{4}$$

이다. 따라서 미분방정식의 특수해는

$$y_p = \frac{1}{4}x^3 + \frac{1}{8}x + \frac{3}{4}$$

**문제 6** 다음 미분방정식의 특수해를 구하여라.

(1) $y'' + y = 2x + 1$

(2) $y'' + y' - y = x^2 + 2$

② $r(x) = e^{ax}$ ($a$ : 상수)인 경우 : $y_p = ke^{ax}$

**예제 7** 다음 미분방정식의 특수해를 구하여라.

$$y'' - 3y' + y = e^{3x}$$

【풀이】 특수해를 구하기 위하여

$$y_p = ke^{3x}$$

라 하면 $y_p' = 3ke^{3x}$, $y_p'' = 9ke^{3x}$이다. 따라서

$$y_p'' - 3y_p' + y_p = ke^{3x} = e^{3x}$$

계수를 비교하면 $k = 1$이다. 따라서 방정식의 특수해는

$$y_p = e^{3x}$$

**문제 7** 다음 미분방정식의 특수해를 구하여라.

(1) $y'' + y' - 6y = e^{4x}$

(2) $y'' + 2y' - y = e^{2x}$

(3) $y'' + y' - 2y = e^{-3x}$

③ $r(x) = \sin ax,\ \cos ax$ ($a$:상수)인 경우 : $y_p = k_1 \sin ax + k_2 \cos ax$

**예제 8** 다음 미분방정식의 특수해를 구하여라.

$$y'' + 6y' + 9y = 3\cos x + 4\sin x$$

【풀이】 특수해를 구하기 위해

$$y_p = a\sin x + b\cos x$$

라 하면 $y_p{}' = a\cos x - b\sin x,\ y_p{}'' = -a\sin x - b\cos x$

이다. 따라서

$$\begin{aligned} y_p{}'' + 6y_p{}' + 9y_p &= (8a - 6b)\sin x + (6a + 8b)\cos x \\ &= 4\sin x + 3\cos x \end{aligned}$$

계수를 비교하면 $8a - 6b = 4,\ 6a + 8b = 3$ 이므로

$$a = \frac{1}{2},\ b = 0$$

이다. 그러므로 미분방정식의 특수해는

$$y_p = \frac{1}{2}\sin x$$

**문제 8** 다음 미분방정식의 특수해를 구하여라.

(1) $y'' - 4y = 4\sin x$

(2) $y'' - 2y' + y = \cos x$

(3) $y'' - 2y' - 3y = 4\sin x - \cos x$

④ $r(x)$가 $x^n$, $e^{ax}$, $\sin ax$, $\cos ax$ 의 혼합형인 경우 :

$y_p =$ (앞의 경우에 대한 특수해들의 혼합형)

**예제 9** 다음 미분방정식의 특수해를 구하여라.

$$y'' + 2y = x - e^{2x}$$

【풀이】 특수해를 구하기 위해 $y_p = ax + b + ce^{2x}$ 라 하면

$y_p' = a + 2ce^{2x}$, $y_p'' = 4ce^{2x}$

$\therefore \; y_p'' + 2y_p = 2ax + 2b + 6ce^{2x} = x - e^{2x}$

계수를 비교하면

$$a = \frac{1}{2},\ b = 0,\ c = -\frac{1}{6}$$

따라서 미분방정식의 특수해는

$$y_p = \frac{1}{2}x - \frac{1}{6}e^{2x}$$

**문제 9** 다음 미분방정식의 특수해를 구하여라.

(1) $y'' + y' = x - 3e^x$

(2) $y'' + 4y = x + 1 + \sin x$

### (3) 상수계수 비제차 선형미분방정식

2계 상수계수 비제차 선형미분방정식

$$y'' + ay' + by = r(x) \quad \cdots \quad (1)$$

의 특수해가 $y_p$이고 제차 선형미분방정식

$$y'' + ay' + by = 0$$

의 일반해가 $y_h$ 이면 미분방정식 (1)의 일반해는 다음과 같다.

$$y = y_h + y_p$$

**예제 10** 다음 미분방정식의 일반해를 구하여라.

$$y'' - 3y' + 2y = x + 1$$

【풀이】 제차 선형미분방정식 $y'' - 3y' + 2y = 0$ 에서

$$y = e^{\lambda x}$$

라 하면 특성방정식은

$$\lambda^2 - 3\lambda + 2 = 0$$

$$(\lambda - 1)(\lambda - 2) = 0$$

$$\lambda = 1,\ 2$$

$$\therefore\ y_h = c_1 e^x + c_2 e^{2x}$$

$r(x)$가 $x$의 1차식이므로 $y_p = ax + b$라 하면

$y_p{}' = a,\ y_p{}'' = 0$ 이다. 이들을 미분방정식에 대입하면

$$0 - 3a + 2(ax + b) = x + 1$$

$$\therefore\ 2ax - 3a + 2b = x + 1$$

양변의 계수를 비교하면 $a = \dfrac{1}{2},\ b = \dfrac{5}{4}$ 이다.

$$\therefore\ y_p = \frac{1}{2}x + \frac{5}{2}$$

그러므로 미분방정식 $y'' - 3y' + 2y = x + 1$ 의 일반해는

$$y = c_1 e^x + c_2 e^{2x} + \frac{1}{2}x + \frac{5}{2}$$

**문제 10** 다음 미분방정식의 일반해를 구하여라.

(1) $y'' + 2y' + y = x - 2$

(2) $y'' - 9y = x + 1$

(3) $y'' - 2y' + y = 2x^2 - 1$

**예제 11** 다음 미분방정식의 일반를 구하여라.

$$y'' - 3y' + 2y = e^x$$

【풀이】 제차 상미분방정식 $y'' - 3y' + 2y = 0$ 에서

$$y_h = c_1 e^x + c_2 e^{2x}$$

$y_p = axe^x$ 라 하면 $y_p' = a(e^x + xe^x)$, $y_p'' = a(2e^x + xe^x)$

주어진 미분방정식에 $y_p$, $y_p'$, $y_p''$ 을 대입하면

$$a(2e^x + xe^x) - 3a(e^x + xe^x) + 2axe^x = e^x$$

위 식을 정리하면 $-ae^x = e^x$ 이고 양변의 계수를

비교하면 $a = -1$ 이다. $\therefore y_p = -xe^x$

일반해는 $y = c_1 e^x + c_2 e^{2x} - xe^x$

**예제 12** 다음 미분방정식의 일반해를 구하여라.

$$y'' - 9y = \sin x + \cos x$$

【풀이】 제차 상미분방정식 $y'' - 9y = 0$ 에서

$$y_h = c_1 e^{3x} + c_2 e^{-3x}$$

$y_p = a\sin x + b\cos x$ 라 하면

$y_p' = a\cos x - b\sin x$, $y_p'' = -a\sin x - b\cos x$

주어진 미분방정식에 $y_p$, $y_p''$ 을 대입하면

$y_p'' - 9y_p = -10(a\sin x + b\cos x) = \sin x + \cos x$

계수를 비교하면 $a = b = -\dfrac{1}{10}$ 이다.

$\therefore y_p = -\dfrac{1}{10}(\sin x + \cos x)$

일반해는 $y = c_1 e^{3x} + c_2 e^{-3x} - \dfrac{1}{10}(\sin x + \cos x)$

# 연 습 문 제

1. 다음 제차 선형미분방정식의 일반해를 구하여라.

(1) $y'' - 4y' + 3y = 0$

(2) $y'' + 3y' = 0$

(3) $y'' - 4y' + 4y = 0$

(4) $y'' - 2y' + 5y = 0$

(5) $y'' - y' - 12y = 0$

(6) $y'' - 2y' + y = 0$

2. 미정계수법으로 다음미분방정식의 특수해를 구하여라.

(1) $y'' - 4y' = 2x^2 + 2$

(2) $y'' + 3y' = e^{2x}$

(3) $y'' - y' + 4y = 2\sin x$

(4) $y'' - 2y' + y = x^2 + e^{2x}$

3. 다음 비제차 선형미분방정식의 일반해를 구하여라.

(1) $y'' + y' = x^2 + x$

(2) $y'' - 6y = e^{3x}$

(3) $y'' - y' - 2y = e^x + x$

(4) $y'' - 4y = \cos 2x$

(5) $y'' - 3y' - 4y = 2\sin x$

(6) $y'' - 3y' - 4y = 3e^{2x}$

# 제8장 라플라스 변환

## 8.1 라플라스 변환과 역변환

모든 $t \ge 0$에서 정의된 함수 $f(t)$가 있다고 하자. $f(t)$에 $e^{-st}$를 곱하고 0에서 $\infty$까지 $t$에 관하여 적분하여 그 적분값이 존재하는 경우 그 값은 $s$의 함수 $F(s)$가 된다. 즉

$$F(s) = \int_0^\infty f(t)e^{-st}\,dt$$

이 때 $F(s)$를 $f(t)$의 **라플라스 변환**(Laplace transformation)이라 하고 기호로 $\mathcal{L}\{f(t)\} = F(s)$로 표시한다. 또 원래의 함수 $f(t)$를 $F(s)$의 **라플라스 역변환**(inverse Laplace transformation)이라 하고 $\mathcal{L}^{-1}\{F(s)\} = f(t)$로 표시한다. 즉

$$\mathcal{L}\{f(t)\} = F(s) \Leftrightarrow \mathcal{L}^{-1}\{F(s)\} = f(t)$$

라플라스 변환은 선형미분방정식을 간단한 대수방정식의 형태로 변형하는 등 복잡한 공학적인 문제를 해결하는데 사용되는 유용한 수학적 도구이다.

**예제 1** 함수 $f(t) = 2$의 라플라스 변환을 구하여라.

【풀이】

$$\begin{aligned}\mathcal{L}\{f(t)\} &= \int_0^\infty 2e^{-st}\,dt = 2\lim_{T\to\infty}\int_0^T e^{-st}\,dt \\ &= 2\lim_{T\to\infty}\left[-\frac{1}{s}e^{-st}\right]_0^T \\ &= 2\lim_{T\to\infty}\left[-\frac{1}{s}e^{-sT} + \frac{1}{s}\right] \\ &= \frac{2}{s}\end{aligned}$$

**정리 1 (상수의 라플라스변환)**

$$f(t) = c \Leftrightarrow F(s) = \mathcal{L}\{f(t)\} = \frac{c}{s} \ (c\text{는 상수})$$

**예제 2** 함수 $f(t) = 5$ 의 라플라스 변환을 구하여라.

【풀이】 $\mathcal{L}\{f(t)\} = \mathcal{L}\{5\} = \dfrac{5}{s}$

**정리 2 ($n$차 함수의 라플라스변환)**

$$f(t) = t^n \Leftrightarrow F(s) = \mathcal{L}\{f(t)\} = \frac{n!}{s^{n+1}} \ (n\text{은 정수})$$

**예제 3** 함수 $f(t) = t^2$ 의 라플라스 변환을 구하여라.

【풀이】 $\mathcal{L}\{f(t)\} = \mathcal{L}\{t^2\} = \dfrac{2!}{s^{2+1}} = \dfrac{2}{s^3}$

**정리 3 (지수함수의 라플라스변환)**

$$f(t) = e^{at} \Leftrightarrow F(s) = \mathcal{L}\{f(t)\} = \frac{1}{s-a} \ (s > a)$$

**예제 4** 함수 $f(t) = e^{-3t}$ 의 라플라스 변환을 구하여라.

【풀이】 $\mathcal{L}\{f(t)\} = \mathcal{L}\{e^{-3t}\} = \dfrac{1}{s+3}$

**정리 4 (삼각함수의 라플라스변환)**

(1) $f(t)=\sin at \Leftrightarrow F(s)=\mathcal{L}\{f(t)\}=\dfrac{a}{s^2+a^2}\ (s>0)$

(2) $f(t)=\cos at \Leftrightarrow F(s)=\mathcal{L}\{f(t)\}=\dfrac{s}{s^2+a^2}\ (s>0)$

**예제 5** 함수 $f(t)=\sin 5t$ 의 라플라스 변환을 구하여라.

**【풀이】** $\mathcal{L}\{f(t)\}=\mathcal{L}\{\sin 5t\}=\dfrac{5}{s^2+25}$

**예제 6** 함수 $f(t)=\cos 4t$ 의 라플라스 변환을 구하여라.

**【풀이】** $\mathcal{L}\{f(t)\}=\mathcal{L}\{\cos 4t\}=\dfrac{s}{s^2+16}$

**정리 5 (쌍곡선함수의 라플라스변환)**

(1) $f(t)=\sinh at \Leftrightarrow F(s)=\mathcal{L}\{f(t)\}=\dfrac{a}{s^2-a^2}\ (s>a)$

(2) $f(t)=\cosh at \Leftrightarrow F(s)=\mathcal{L}\{f(t)\}=\dfrac{s}{s^2-a^2}\ (s>a)$

**예제 7** 함수 $f(t)=\sinh 5t$ 의 라플라스 변환을 구하여라.

**【풀이】** $\mathcal{L}\{f(t)\}=\mathcal{L}\{\sinh 5t\}=\dfrac{5}{s^2-25}$

**예제 8** 함수 $f(t)=\cosh 4t$ 의 라플라스 변환을 구하여라.

**【풀이】** $\mathcal{L}\{f(t)\}=\mathcal{L}\{\cosh 4t\}=\dfrac{s}{s^2-16}$

## 라플라스 변환의 기본공식

| $f(t) = \mathcal{L}^{-1}\{F(s)\}$ | $F(s) = \mathcal{L}\{f(t)\}$ |
|---|---|
| $c$ ($c$는 상수) | $\frac{c}{s},\ s > 0$ |
| $e^{at}$ | $\frac{1}{s-a},\ s > a$ |
| $\sin at$ | $\frac{a}{s^2+a^2},\ s > 0$ |
| $\cos at$ | $\frac{s}{s^2+a^2},\ s > 0$ |
| $t^n$ ($n$은 양의 정수) | $\frac{n!}{s^{n+1}},\ s > 0$ |
| $t^p,\ p > -1$ | $\frac{\Gamma(p+1)}{s^{p+1}},\ s > 0$ |
| $\sinh at$ | $\frac{a}{s^2-a^2},\ s > \lvert a\rvert$ |
| $\cosh at$ | $\frac{s}{s^2-a^2},\ s > \lvert a\rvert$ |
| $e^{at}\sinh bt$ | $\frac{b}{(s-a)^2+b^2},\ s > a$ |
| $e^{at}\cosh bt$ | $\frac{s-a}{(s-a)^2+b^2},\ s > a$ |
| $t^n e^{at}$ ($n$은 양의 정수) | $\frac{n!}{(s-a)^{n+1}},\ s > a$ |

## 8.2 라플라스 변환의 성질

이 절에서는 라플라스 변환의 정의를 이용하지 않고 라플라스 변환을 쉽게 구할 수 있도록 도와주는 유용한 성질들에 관하여 알아보자.

$\mathcal{L}\{f(t)\} = F(s)$이고 $\mathcal{L}\{g(t)\} = G(s)$라 하자. 상수 $a, b$에 대하여

$$\begin{aligned}\mathcal{L}\{af(t)+bg(t)\} &= \int_0^\infty (af(t)+bg(t))e^{-st}\,dt \\ &= a\int_0^\infty f(t)e^{-st}\,dt + b\int_0^\infty g(t)e^{-st}\,dt \\ &= aF(s)+bG(s)\end{aligned}$$

따라서 다음 정리가 성립한다.

**정리 6 (라플라스변환의 선형성)**

$$\mathcal{L}\{af(t)+bg(t)\} = a\mathcal{L}\{f(t)\} + b\mathcal{L}\{g(t)\}$$

**예제 1** 함수 $f(t) = 3 + t^2 + \cos t$의 라플라스 변환을 구하여라.

【풀이】

$$\begin{aligned}\mathcal{L}\{f(t)\} &= \mathcal{L}\{3 + t^2 + \cos t\} \\ &= \mathcal{L}\{3\} + \mathcal{L}\{t^2\} + \mathcal{L}\{\cos t\} \\ &= \frac{3}{s} + \frac{2}{s^3} + \frac{s}{s^2+1}\end{aligned}$$

$\mathcal{L}\{e^{at}f(t)\} = \int_0^\infty e^{-st}e^{at}f(t)\,dt = \int_0^\infty e^{-(s-a)t}f(t)\,dt = F(s-a)$이므로 다음 정리가 성립한다.

**정리 7 (제1이동정리)**

$$\mathcal{L}\{f(t)\} = F(s) \text{이면 } \mathcal{L}\{e^{at}f(t)\} = F(s-a)$$

**예제 2** 다음 함수의 라플라스 변환을 구하여라.

(1) $f(t) = e^{5t}t^2$ (2) $f(t) = e^{-2t}\cos 2t$

【풀이】 (1) $\mathcal{L}\{t^2\} = \dfrac{2!}{s^3} = \dfrac{2}{s^3}$ 이므로 $\mathcal{L}\{e^{5t}t^2\} = \dfrac{2}{(s-5)^3}$

(2) $\mathcal{L}\{\cos 2t\} = \dfrac{s}{s^2+4}$ 이므로

$$\mathcal{L}\{e^{-2t}\cos 2t\} = \frac{s+2}{(s+2)^2+4} = \frac{s+2}{s^2+4s+8}$$

$$\begin{aligned}\mathcal{L}\{f(\alpha t)\} &= \int_0^\infty e^{-st}f(\alpha t)\,dt = \int_0^\infty e^{-s\left(\frac{u}{\alpha}\right)}f(u)\frac{1}{\alpha}du \quad (u=\alpha t)\\ &= \frac{1}{\alpha}\int_0^\infty e^{-\frac{s}{\alpha}u}f(u)\,du = \frac{1}{\alpha}F\left(\frac{s}{\alpha}\right)\end{aligned}$$

이므로 다음 정리가 성립한다.

**정리 8 (확대의 라플라스변환)**

$$\mathcal{L}\{f(t)\} = F(s) \text{이면 } \mathcal{L}\{f(kt)\} = \frac{1}{k}F\left(\frac{s}{k}\right),\ k\text{는 상수}$$

**예제 3** $\mathcal{L}\{\sin(2t)\} = \dfrac{1}{2}\dfrac{1}{\left(\dfrac{s}{2}\right)^2+1} = \dfrac{2}{s^2+4}$

**정리 9 (라플라스변환의 미분)**

$\mathcal{L}\{f(t)\}=F(s)$이면

$$\mathcal{L}\{t^n f(t)\}=(-1)^n\frac{d^n}{ds^n}F(s)=(-1)^nF^{(n)}(s)\quad(n=1,\ 2,\ 3,\ \cdots)$$

**예제 4** 다음 함수의 라플라스변환을 구하여라.

(1) $f(t)=t\sin 2t$ (2) $f(t)=t^2e^t$

【풀이】 (1) $\mathcal{L}\{\sin 2t\}=\dfrac{2}{s^2+4}$ 이므로

$$\mathcal{L}\{t\sin(2t)\}=-\frac{d}{ds}\left(\frac{2}{s^2+4}\right)=\frac{4s}{(s^2+4)^2}$$

(2) $\mathcal{L}\{t^2e^t\}=(-1)^2\dfrac{d^2}{ds^2}\dfrac{1}{s-1}=\dfrac{2}{(s-1)^3}$

**정리 10 (라플라스변환의 적분)**

$\displaystyle\lim_{t\to 0}\frac{f(t)}{t}$ 가 존재할 때 $\mathcal{L}\{f(t)\}=F(s)$이면

$$\mathcal{L}\left\{\frac{f(t)}{t}\right\}=\int_s^\infty F(u)\,du.$$

**예제 5** $f(t)=\dfrac{\sin t}{t}$의 라플라스변환을 구하여라.

【풀이】 $\mathcal{L}\{\sin t\}=\dfrac{1}{s^2+1}$ 이고 $\displaystyle\lim_{t\to 0}\frac{\sin t}{t}=1$이므로

$$\mathcal{L}\left\{\frac{\sin t}{t}\right\}=\int_s^\infty\frac{du}{u^2+1}=\left[\tan^{-1}u\right]_s^\infty=\frac{\pi}{2}-\tan^{-1}s$$

**정리 11 (미분의 라플라스변환)**

$\mathcal{L}\{f(t)\} = F(s)$이고 $f'(t)$, $f''(t)$가 라플라스변환 가능하면

(1) $\mathcal{L}\{f'(t)\} = sF(s) - f(0)$

(2) $\mathcal{L}\{f''(t)\} = s^2F(s) - sf(0) - f'(0)$

**예제 6** 다음 함수의 라플라스변환을 구하여라.

(1) $f(t) = t^2$ (2) $f(t) = e^t$

【풀이】 (1) $f'(t) = 2t$, $f''(t) = 2$, $f(0) = f'(0) = 0$ 이므로

$\mathcal{L}\{f''(t)\} = \mathcal{L}\{2\} = \frac{2}{s}$이고

$s^2F(s) - sf(0) - f'(0) = s^2F(s)$이다.

$\therefore \frac{2}{s} = s^2F(s)$에서 $\mathcal{L}\{f(t)\} = F(s) = \frac{2}{s^3}$

(2) $f'(t) = e^t$, $f(0) = 1$ 이므로

$\mathcal{L}\{f'(t)\} = sF(s) - f(0)$ 에서 $\mathcal{L}\{e^t\} = s\mathcal{L}\{e^t\} - 1$

$\therefore \mathcal{L}\{e^t\} = F(s) = \frac{1}{s-1}$

**정리 12 (적분의 라플라스변환)**

$\mathcal{L}\{f(t)\} = F(s)$이면 $\mathcal{L}\left\{\int_0^t f(u)\,du\right\} = \frac{F(s)}{s}$

**예제 7** $\mathcal{L}\left\{\int_0^t \sin 3u\,du\right\} = \frac{1}{s}\mathcal{L}\{\sin 3t\} = \frac{3}{s(s^2+9)}$

Laplace 역변환의 성질은 Laplace 변환의 성질에서 곧바로 얻을 수 있다. 역변환의 선형성에 관하여 알아보자. $\mathcal{L}\{f_1(t)\}=F_1(s)$, $\mathcal{L}\{f_2(t)\}=F_2(s)$ 라 하면 Laplace 변환과 Laplace 역변환의 정의에 의하여 $\mathcal{L}^{-1}\{F_1(s)\}=f_1(t)$, $\mathcal{L}^{-1}\{F_2(s)\}=f_2(t)$ 이고, 임의의 상수 $c_1, c_2$ 에 대하여

$$\mathcal{L}\{c_1f_1(t)+c_2f_2(t)\}=c_1\mathcal{L}\{f_1(t)\}+c_2\mathcal{L}\{f_2(t)\}=c_1F_1(s)+c_2F_2(s)$$

이므로

$$\mathcal{L}^{-1}\{c_1F_1(s)+c_2F_2(s)\}=c_1f_1(t)+c_2f_2(t)=c_1\mathcal{L}^{-1}\{F_1(s)\}+c_2\mathcal{L}^{-1}\{F_2(s)\}$$

이 된다. 따라서 다음 정리를 얻는다.

> **정리 13** $\mathcal{L}^{-1}\{F_1(s)\}=f_1(t)$, $\mathcal{L}^{-1}\{F_2(s)\}=f_2(t)$ 이면 상수 $c_1, c_2$ 에 대하여
>
> $$\begin{aligned}\mathcal{L}^{-1}\{c_1F_1(s)+c_2F_2(s)\}&=c_1\mathcal{L}^{-1}\{F_1(s)\}+c_2\mathcal{L}^{-1}\{F_2(s)\}\\&=c_1f_1(t)+c_2f_2(t)\end{aligned}$$

**예제 8** 다음 함수의 라플라스 역변환을 구하여라.

(1) $F(s)=\dfrac{2}{s}+\dfrac{3}{s-2}$ (2) $F(s)=\dfrac{1}{(s-1)(s-2)}$

**【풀이】**

(1) $$\mathcal{L}^{-1}\left\{\frac{2}{s}+\frac{3}{s-2}\right\}=2\mathcal{L}^{-1}\left\{\frac{1}{s}\right\}+3\mathcal{L}^{-1}\left\{\frac{1}{s-2}\right\}=2+e^{2t}$$

(2) $$\begin{aligned}\mathcal{L}^{-1}\left\{\frac{1}{(s-1)(s-2)}\right\}&=\mathcal{L}^{-1}\left\{\frac{1}{s-2}-\frac{1}{s-1}\right\}\\&=\mathcal{L}^{-1}\left\{\frac{1}{s-2}\right\}-\mathcal{L}^{-1}\left\{\frac{1}{s-1}\right\}\\&=e^{2t}-e^{t}\end{aligned}$$

**정리 14** $\mathcal{L}^{-1}\{F(s)\} = f(t)$이면 $\mathcal{L}^{-1}\{F(s-a)\} = e^{at}f(t)$

**예제 9** 다음 함수의 라플라스 역변환을 구하여라.

$$F(s) = \frac{s-1}{s^2-2s+10}$$

【풀이】

$$\mathcal{L}^{-1}\left\{\frac{s-1}{s^2-2s+10}\right\} = \mathcal{L}^{-1}\left\{\frac{s-1}{(s-1)^2+9}\right\}$$

$$= e^t \cos 3t$$

**정리 15** $\mathcal{L}^{-1}\{F(s)\} = f(t)$이면 $\mathcal{L}^{-1}\{F(ks)\} = \frac{1}{k}f\left(\frac{t}{k}\right)$

**예제 10** 다음 함수의 라플라스 역변환을 구하여라.

$$F(s) = \frac{12s}{4s^2+16}$$

【풀이】

$$\mathcal{L}^{-1}\left\{\frac{s}{s^2+16}\right\} = \cos 4t \text{ 이므로}$$

$$\mathcal{L}^{-1}\left\{\frac{12s}{4s^2+16}\right\} = 6\,\mathcal{L}^{-1}\left\{\frac{2s}{(2s)^2+16}\right\}$$

$$= 6\cdot\frac{1}{2}\cos\frac{4t}{2} = 3\cos 2t$$

**정리 16** $\mathcal{L}^{-1}\{F(s)\}=f(t)$이면

$$\mathcal{L}^{-1}\{F^{(n)}(s)\}=\mathcal{L}^{-1}\left\{\frac{d^n}{ds^n}F(s)\right\}=(-1)^n t^n f(t)$$

**예제 11** 다음 함수의 라플라스 역변환을 구하여라.

$$F(s)=\frac{s}{(s^2+1)^2}$$

【풀이】 $\mathcal{L}^{-1}\left\{\frac{1}{s^2+1}\right\}=\sin t$ 이고 $\frac{d}{ds}\left(\frac{1}{s^2+1}\right)=\frac{-2s}{(s^2+1)^2}$

이므로 $\mathcal{L}^{-1}\left\{\frac{-2s}{(s^2+1)^2}\right\}=-t\sin t$

$$\therefore\ \mathcal{L}^{-1}\left\{\frac{s}{(s^2+1)^2}\right\}=\frac{1}{2}t\sin t$$

**정리 17** $\mathcal{L}^{-1}\{F(s)\}=f(t)$이면 $\mathcal{L}^{-1}\left\{\int_s^\infty F(u)du\right\}=\frac{f(t)}{t}$

**예제 12** 다음 함수의 라플라스 역변환을 구하여라.

$$F(s)=\ln\left(1+\frac{1}{s}\right)$$

【풀이】 $\mathcal{L}^{-1}\left\{\frac{1}{s}-\frac{1}{s+1}\right\}=1-e^{-t}$ 이므로

$$\mathcal{L}^{-1}\left\{\ln\left(1+\frac{1}{s}\right)\right\}=\mathcal{L}^{-1}\left\{\int_s^\infty\left(\frac{1}{u}-\frac{1}{u+1}\right)du\right\}=\frac{1-e^{-t}}{t}$$

**정리 18** $\mathcal{L}^{-1}\{F(s)\}=f(t)$이고 $f^{(k)}(0)=0 \ (k=0,1,2,\cdots,n-1)$ 이면
$\mathcal{L}^{-1}\{s^n F(s)\}=f^{(n)}(t) \quad (n=1,2,\cdots)$

**예제 13** 다음 함수의 라플라스 역변환을 구하여라.

$$F(s)=\frac{4s}{s^2+4}$$

【풀이】 $\mathcal{L}^{-1}\left\{\frac{2}{s^2+4}\right\}=\sin 2t,\ [\sin 2t]_{t=0}=0$ 이므로

$$\mathcal{L}^{-1}\left\{\frac{4s}{s^2+4}\right\}=2\mathcal{L}^{-1}\left\{\frac{2s}{s^2+4}\right\}=2\frac{d}{dt}(\sin 2t)=4\cos 2t$$

**정리 19** $\mathcal{L}^{-1}\{F(s)\}=f(t)$ 이면 $\mathcal{L}^{-1}\left\{\frac{F(s)}{s}\right\}=\int_0^t f(u)du$

**예제 14** 다음 함수의 라플라스 역변환을 구하여라.

$$F(s)=\frac{4}{s(s^2+4)}$$

【풀이】 $\mathcal{L}^{-1}\left\{\frac{2}{s^2+4}\right\}=\sin 2t$ 이므로

$$\mathcal{L}^{-1}\left\{\frac{4}{s(s^2+4)}\right\}=2\int_0^t \sin 2u\,du=-[\cos 2u]_0^t$$

$$=1-\cos 2t$$

## 연 습 문 제

1. 다음 함수의 라플라스 변환을 구하여라.

(1) $f(t)=7$

(2) $f(t)=t^3$

(3) $f(t)=e^{5t}$

(4) $f(t)=\sin 3t$

(5) $f(t)=\cos 6t$

(6) $f(t)=\sinh 2t$

(7) $f(t)=\cosh 3t$

(8) $f(t)=3t^5+2\cos t$

2. 다음 함수의 라플라스 변환을 구하여라.

(1) $f(t)=e^{3t}t^5$

(2) $f(t)=e^{-3t}\cos 5t$

(3) $f(t)-t\sin 3t$

(4) $f(t)=\dfrac{\cos t}{t}$

(5) $f(t)=t^2-2\sin t+3\cosh t$

3. 다음 함수의 라플라스 역변환을 구하여라.

(1) $F(s)=\dfrac{3}{s}+\dfrac{2}{s-3}$

(2) $F(s)=\dfrac{1}{(s-2)(s-3)}$

(3) $F(s)=\dfrac{s+1}{s^2+2s+10}$

(4) $F(s)=\dfrac{s}{4s^2+16}$

(5) $F(s)=\dfrac{4+s}{s^2+2}$

## 8.3 계단함수

제1이동정리에서는 $f(t)$에 지수함수 $e^{at}$를 곱하여 라플라스 변환을 하였더니 평행 이동하여 $F(s-a)$로 나타남을 확인하였다. 이 절에서는 주어진 함수 $f(t)$를 평행 이동하여 라플라스 변환하면 어떻게 변하는지 조사해본다. 임의의 양수 $a$에 대하여 $t<a$에서 0이고,

**예제 1** 다음 함수의 라플라스 변환을 구하여라.

$$f(t)=\begin{cases} 0, & (0\le t<2) \\ 1, & (2\le t<3) \\ 0, & (3\le t) \end{cases}$$

【풀이】 $f(t)=U_2(t)-U_3(t)$이므로

$$\mathcal{L}\{f(t)\}=\mathcal{L}\{U_2(t)-U_3(t)\}=\mathcal{L}\{U_2(t)\}-\mathcal{L}\{U_3(t)\}$$

$$=\left(\frac{c^{-2s}}{s}-\frac{c^{-3s}}{s}\right)=\frac{1}{s}\left(e^{-2s}-e^{-3s}\right)$$

$t\ge a$에서 1이 되는 함수 $U_a(t)$를 **단위계단함수**(unit step function)라 한다. 즉,

$$U_a(t)=\begin{cases} 0 & (t<a) \\ 1 & (t\ge a) \end{cases}$$

단위 계단함수 $U_a(t)$의 라플라스 변환은 다음과 같다.

$$\begin{aligned}\mathcal{L}\{U_a(t)\} &= \int_0^\infty e^{-st} U_a(t)dt \\ &= \int_0^a e^{-st} U_a(t)dt + \int_a^\infty e^{-st} U_a(t)dt \\ &= \int_a^\infty e^{-st} \cdot 1\, dt \\ &= \lim_{k\to\infty}\left[\frac{e^{-st}}{-s}\right]_a^k = \frac{e^{-as}}{s} \qquad (s>0)\end{aligned}$$

$$\therefore\ \mathcal{L}\{U_a(t)\} = \frac{e^{-as}}{s} \quad \text{또는} \quad \mathcal{L}^{-1}\left\{\frac{e^{-as}}{s}\right\} = U_a(t)$$

단위계단 함수 $U_a(t)$는 주어진 함수를 평행이동 할 때 사용되는 유용한 함수이다. 즉

$$U_a(t)f(t-a) = \begin{cases} 0 & (t<a) \\ f(t-a) & (t \geq a)\end{cases}$$

는 $f(t)$를 $t$축의 양의 방향으로 $a$만큼 평행이동 한 것이다.

$$\begin{aligned}\mathcal{L}\{U_a(t)f(t-a)\} &= \int_0^\infty e^{-st} U_a(t)f(t-a)dt \\ &= \int_0^a e^{-st} U_a(t)f(t-a)dt + \int_a^\infty e^{-st} U_a(t)f(t-a)dt \\ &= \int_0^a e^{-st}\, 0\, dt + \int_a^\infty e^{-st} f(t-a)\, dt \\ &= \int_0^\infty e^{-s(x+a)} f(x)dx \qquad (x=t-a) \\ &= e^{-as}\int_0^\infty e^{-sx} f(x)dx \\ &= e^{-as}\mathcal{L}\{f(t)\} \\ &= e^{-as}F(s)\end{aligned}$$

이므로 다음 정리가 성립한다.

**정리 20 (제2이동정리)**

$F(s) = \mathcal{L}\{f(t)\}$ 라 하자.

(1) $\mathcal{L}\{U_a(t)f(t-a)\} = e^{-as}\mathcal{L}\{f(t)\} = e^{-as}F(s)$

(2) $\mathcal{L}^{-1}\{e^{-as}F(s)\} = U_a(t)f(t-a)$

**예제 2** 다음 함수의 라플라스 변환을 구하여라.

$$f(t) = \begin{cases} \cos t, & (0 \le t < \pi) \\ \cos t + \sin(t-\pi), & (\pi \le t) \end{cases}$$

【풀이】 $f(t) = \cos t + U_\pi(t)\sin(t-\pi)$ 이므로

$$\begin{aligned} \mathcal{L}\{f(t)\} &= \mathcal{L}\{\cos t\} + \mathcal{L}\{\sin(t-\pi)U_\pi(t)\} \\ &= \frac{s}{s^2+1} + e^{-\pi s}\mathcal{L}\{\sin t\} \\ &= \frac{1}{s^2+1}\left[s + e^{-\pi s}\right] \end{aligned}$$

**예제 3** 다음 함수의 라플라스 역변환을 구하여라.

$$F(s) = \frac{1-e^{-3s}}{s^2}$$

【풀이】 $f(t) = \cos t + U_\pi(t)\sin(t-\pi)$ 이므로

$$\begin{aligned} f(t) &= \mathcal{L}^{-1}\{F(s)\} \\ &= \mathcal{L}^{-1}\left\{\frac{1}{s^2} - \frac{e^{-3s}}{s^2}\right\} \\ &= \mathcal{L}^{-1}\left\{\frac{1}{s^2}\right\} - \mathcal{L}^{-1}\left\{e^{-3s}\frac{1}{s^2}\right\} \\ &= t - U_3(t)(t-3) \\ &= \begin{cases} t, & 0 \le t < 3 \\ 3, & 3 \le t \end{cases} \end{aligned}$$

## 8.4 Dirac delta 함수

매우 짧은 시간에 작용하는 큰 전압이나 힘과 같은 충격을 받는 현상은 공학에서 빈번하게 다루어지는 문제이다. 이러한 문제를 해결하기 위하여 영국의 물리학자 Dirac이 양자역학의 이론 전개에서 사용한 순간적인 힘을 수식화한 함수를 소개 한다.

$$\delta_\epsilon(t) = \begin{cases} 0, & (t<0) \\ \dfrac{1}{\epsilon}, & (0<t<\epsilon) \\ 0, & (\epsilon<t) \end{cases}$$

일 때 $\delta(t) = \lim\limits_{\epsilon \to 0} \delta_\epsilon(t)$에 의하여 정의되는 $t$의 함수 $\delta(t)$를 **Dirac delta 함수** 또는 **충격함수**(impulse 함수)라 한다.

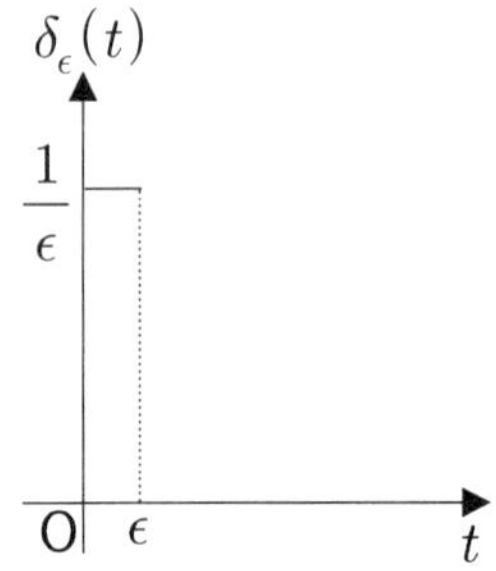


Dirac delta 함수의 라플라스 변환에 관하여 알아보자.

$\delta_\epsilon(t) = \dfrac{1}{\epsilon}[U_0(t) - U_\epsilon(t)] = \dfrac{1}{\epsilon}[1 - U_\epsilon(t)]$이므로

$$\mathcal{L}\{\delta_\epsilon(t)\} = \frac{1}{\epsilon}\mathcal{L}\{U_0(t) - U_\epsilon(t)\} = \frac{1}{\epsilon}\left(\frac{1}{s} - \frac{e^{-\epsilon s}}{s}\right) = \frac{1-e^{-\epsilon s}}{\epsilon s}$$

$$\begin{aligned}\therefore\quad \mathcal{L}\{\delta(t)\} &= \mathcal{L}\left\{\lim_{\epsilon\to 0}\delta_\epsilon(t)\right\} = \lim_{\epsilon\to 0}\mathcal{L}\{\delta_\epsilon(t)\} \\ &= \lim_{\epsilon\to 0}\frac{1-e^{-\epsilon s}}{\epsilon s} \\ &= \lim_{\epsilon\to 0}\frac{s e^{-\epsilon s}}{s} \quad (\because \text{로피탈 정리}) \\ &= \lim_{\epsilon\to 0} e^{-\epsilon s} = 1\end{aligned}$$

**예제 1** $a>0$일 때 $\mathcal{L}\{\delta(t-a)\} = \lim_{\epsilon\to 0}\delta\{\delta_\epsilon(t-a)\}$로 정의 한다. $\mathcal{L}\{\delta(t-a)\}$를 구하여라.

【풀이】

$$\delta_\epsilon(t-a) = \begin{cases} \dfrac{1}{\epsilon}, & (0\le t-a<\epsilon) \\ 0, & (t-a>\epsilon,\ t-a<0)\end{cases}$$

에서 $\delta_\epsilon(t-a) = \dfrac{1}{\epsilon}\left[U_a(t) - U_{a+\epsilon}(t)\right]$ 이므로

$$\mathcal{L}\{\delta_\epsilon(t-a)\} = \frac{1}{\epsilon s}\left[e^{-as} - e^{-(a+\epsilon)s}\right] = e^{-as}\left[\frac{1-e^{-\epsilon s}}{\epsilon s}\right]$$

$$\mathcal{L}\{\delta(t-a)\} = \lim_{\epsilon\to 0}\left[\delta_\epsilon(t-a)\right] = \lim_{\epsilon\to 0} e^{-\epsilon s}\left[\frac{1-e^{-\epsilon s}}{\epsilon s}\right] = e^{-as}$$

**예제 2** $\mathcal{L}\{\delta(t-3)\}$를 구하여라.

【풀이】 예제 1에 의하여 $\mathcal{L}\{\delta(t-3)\} = e^{-3s}$

**문제 1** $\mathcal{L}\{e^t\delta(t-1)\}$를 구하여라.

**예제 3** 다음 초기치문제의 해를 구하여라.

$$y'' + y = \delta(t-\pi),\ y(0) = 0,\ y'(0) = 0$$

【풀이】 미분방정식의 양변에 라플라스 변환을 취하면

$\mathcal{L}\{y''\} + \mathcal{L}\{y\} = \mathcal{L}\{\delta(t-\pi)\}$ 이다.

$\mathcal{L}\{y''\} = s^2\mathcal{L}\{y\} - sy(0) - y'(0) = s^2\mathcal{L}\{y\}$ 이고

$\mathcal{L}\{\delta(t-\pi)\} = e^{-\pi s}$ 이므로

$(s^2+1)\mathcal{L}\{y\} = e^{-\pi s}$ 또는 $\mathcal{L}\{y\} = \dfrac{1}{s^2+1}e^{-\pi s}$

이다. 따라서

$$y = \mathcal{L}^{-1}\left\{\frac{1}{s^2+1}e^{-\pi s}\right\} = U_\pi(t)\sin(t-\pi)$$

$$= \begin{cases} 0, & t < \pi \\ \sin(t-\pi), & \pi \le t \end{cases}$$

**문제 2** 다음 초기치문제의 해를 구하여라.

(1) $y'' + 4y = U_\pi(t)\sin(t-\pi),\ y(0) = 0,\ y'(0) = 0$

(2) $y'' + y' = \delta(t-\pi),\ y(0) = 0,\ y'(0) = 0$

(3) $y'' + 2y = \delta(t-\pi),\ y(0) = 0,\ y'(0) = 0$

(4) $y'' - 3y = 2\delta(t-1),\ y(0) = 1,\ y'(0) = 0$

## 8.5 합성적분

두 함수 $f(t)$와 $g(t)$의 라플라스 변환식을 각각 $F(s)$, $G(s)$라 할 때 $F(s)\cdot G(s)$의 역변환식을 구하는 문제는 합성적이라는 개념과 연관되어 있다. $\mathcal{L}^{-1}\{F(s)\cdot G(s)\}=(f*g)(t)$로 나타내고 $f*g$을 $f$와 $g$의 **합성적**(convolution)이라 한다. $f(t)$와 $g(t)$의 합성적 $(f*g)(t)$은 적분 $\int_0^t f(u)\cdot g(t-u)\,du$을 계산함으로서 구할 수 있는데 이 적분을 $f(t)$와 $g(t)$의 **합성적분**(convolution integral)이라 한다. 즉,

$$\mathcal{L}^{-1}\{F(s)\cdot G(s)\}=(f*g)(t)=\int_0^t f(u)\cdot g(t-u)\,du$$

**정리 21 (합성정리)**

$\mathcal{L}\{f(t)\}=F(s)$, $\mathcal{L}\{g(t)\}=G(s)$라 하면

$$(f*g)(t)=\mathcal{L}^{-1}\{F(s)G(s)\}=\int_0^t f(u)\cdot g(t-u)\,du$$

**예제 1** $\mathcal{L}^{-1}\left\{\dfrac{1}{(s-1)(s-2)}\right\}$을 구하여라.

【풀이】 $\mathcal{L}^{-1}\left\{\dfrac{1}{s-1}\right\}=e^t$, $\mathcal{L}^{-1}\left\{\dfrac{1}{s-2}\right\}=e^{2t}$ 이므로

$$\begin{aligned}\mathcal{L}^{-1}\left\{\frac{1}{(s-1)(s-2)}\right\}&=e^t*e^{2t}=\int_0^t e^{t-u}e^{2u}\,du\\&=e^t\int_0^t e^u\,du\\&=e^t\left[e^u\right]_0^t\\&=e^{2t}-e^t\end{aligned}$$

**예제 2** $\mathcal{L}^{-1}\left\{\dfrac{1}{s^2(s-2)}\right\}$을 구하여라.

【풀이】 $\mathcal{L}\{t\}=\dfrac{1}{s^2}$, $\mathcal{L}\{e^{2t}\}=\dfrac{1}{s-2}$ 이므로

$$\begin{aligned}\mathcal{L}^{-1}\left\{\frac{1}{s^2}\,\frac{1}{s-2}\right\}&=t*e^{2t}=\int_0^t ue^{2(t-u)}du\\&=e^{2t}\int_0^t ue^{-2u}du\\&=e^{2t}\left\{\left[-\frac{1}{2}e^{-2u}u\right]_0^t+\int_0^t\frac{1}{2}e^{-2u}du\right\}\\&=\frac{1}{4}(e^{2t}-2t-1)\end{aligned}$$

**예제 3** $f(t)=\cos t$, $g(t)=1$일 때 $f$와 $g$의 합성적을 구하여라.

【풀이】
$$\begin{aligned}(f*g)(t)&=\int_0^t\cos(t-u)\cdot 1du\\&=[-\sin(t-u)]_{u=0}^{u=t}\\&=\sin t\end{aligned}$$

위의 예제에서 알 수 있듯이 일반적으로 $f*1\neq f$ 이다. 그러나 보통의 곱에서와 같이 다음 성질이 성립한다.

**정리 22** 임의의 함수 $f$, $g$, $h$ 및 $g_1$, $g_2$에 대하여 다음 성질이 성립한다.

(1) $f*g=g*t$

(2) $f*(g_1+g_2)=f*g_1+f*g_2$

(3) $(f*g)*h=f*(g*h)$

(4) $f*0=0*f=0$

**예제 4** 함수 $g(t)$의 라플라스 변환이 존재할 때 초기치 문제 $y''+y=g(t),\ y(0)=0,\ y'(0)=1$의 해를 구하여라.

**【풀이】** 미분방정식의 양변에 라플라스 변환을 취하면

$\mathcal{L}\{y''\}+\mathcal{L}\{y\}=\mathcal{L}\{g(t)\}=G(s)$이다.

$\mathcal{L}\{y''\}=s^2\mathcal{L}\{y\}-sy(0)-y'(0)=s^2\mathcal{L}\{y\}-1$이므로

$(s^2+1)\mathcal{L}\{y\}=1+G(s)$ 또는 $\mathcal{L}\{y\}=\dfrac{1}{s^2+1}+\dfrac{G(s)}{s^2+1}$

이다. 따라서

$$y=\mathcal{L}^{-1}\left\{\frac{1}{s^2+1}\right\}+\mathcal{L}^{-1}\left\{\frac{1}{s^2+1}\cdot G(s)\right\}$$

$\mathcal{L}^{-1}\left\{\dfrac{1}{s^2+1}\right\}=\sin t$이고

$\mathcal{L}^{-1}\left\{\dfrac{1}{s^2+1}\cdot G(s)\right\}=(\sin t)*g(t)=\displaystyle\int_0^t \sin 2(t-u)g(u)\,du$

이므로 구하는 해는 다음과 같다.

$$y=\sin t+\int_0^t \sin(t-u)g(u)\,du$$

**문제 1** $\mathcal{L}^{-1}\left\{\dfrac{1}{(s-5)(s-6)}\right\}$을 구하여라.

**문제 2** 합성적분의 성질 정리 22를 증명하여라.

**문제 3** 함수 $g(t)$의 라플라스 변환이 존재할 때 초기치 문제 $y''+4y=g(t),\ y(0)=0,\ y'(0)=-1$의 해를 구하여라.

## 연 습 문 제

1. 다음 함수의 라플라스 변환을 구하여라.

(1) $f(t)=\begin{cases}\sin t, & (0 \le t < \pi)\\ \sin t+\cos(t-\pi), & (\pi \le t)\end{cases}$

(2) $f(t)=\begin{cases}0, & (t<3)\\ (t-3)^2, & (3 \le t)\end{cases}$

(3) $f(t)=\begin{cases}0, & (t<1)\\ t^2-2t+3, & (1 \le t)\end{cases}$

(4) $f(t)=e^t\delta(t-2)$

2. 다음 함수의 라플라스 역변환을 구하여라.

(1) $F(s)=\dfrac{1-e^{-5s}}{s^2}$

(2) $F(s)=\dfrac{3e^{-2s}}{s^2-4}$

(3) $F(s)=\dfrac{2!}{(s-3)^3}$

(4) $F(s)=\dfrac{2s+1}{4s^2+4s+5}$

3. 합성정리를 이용하여 다음 함수의 라플라스 역변환을 구하여라.

(1) $F(s)=\dfrac{1}{(s+3)^2(s-3)}$

(2) $F(s)=\dfrac{s}{(s^2+3)^2}$

(3) $F(s)=\dfrac{s}{(s^2+9)^3}$

(4) $F(s)=\dfrac{1}{(s-5)^2}$

(5) $F(s)=\dfrac{1}{s^2(s^2+4)}$

# 제9장 기초수학

## 9.1 집합

**기 본 개 념 1 − 1**

- 집합 : 주어진 조건에 맞는 대상을 분명하게 구별할 수 있는 모임
- 원소 : 집합에 속하는 대상 하나 하나
- 원소나열법 : 모든  원소를 { }안에 나열하는 방법
- 조건제시법 : $\{x \mid p(x)\}$와 같이 원소가 되는 공통 조건 $p(x)$을 제시해 주는 방법
- 벤 다이어그램 : 그림을 사용하여 집합을 나타내는 방법
- 전체집합 : 관심의 대상이 되는 모든 원소들의 모임으로 $U$로 표현
- 공집합 : 원소가 하나도 없는 집합을 말하며 $\varnothing$로 표현

▸ 집합은 일반적으로 대문자 $A, B, C, \cdots$ 등으로 원소는 $a, b, c, \cdots$ 등으로 나타낸다.

▸ $a$가 집합 $A$의 원소일 때 $a \in A$로 나타낸다.

▸ $a$가 집합 $A$의 원소가 아닐 때 $a \notin A$로 나타낸다.

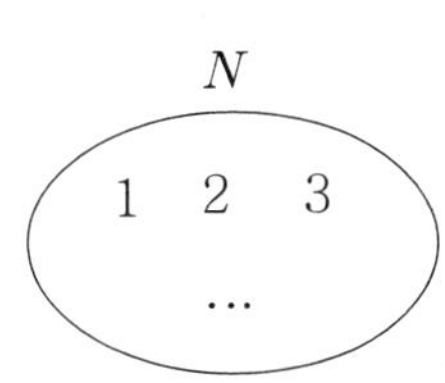


벤 다이어그램

**기초예제**

(1) $N=\{1, 2, 3, \cdots\}$ : 원소나열법

$N=\{n \mid n$ 은 자연수$\}$ : 조건제시법

**문제 1-1**

(1) 공집합의 예를 들어라.

(2) 원소나열법과 조건제시법 중 어떤 표현이 더 편리한지 예를 들어 설명하여라.

**기 본 개 념 1 − 2**

- 집합 $A, B$에 대하여 $A$의 모든 원소가 $B$의 원소가 될 때 $A$를 $B$의 **부분집합**이라 하고 $A \subset B$로 표시한다.
- 집합 $A, B$에 대하여 $A \subset B$이고 $B \subset A$일 때 $A$와 $B$는 **서로 같다**고 하며 $A=B$ 로 표시한다.
- 집합 $A, B$에 대하여 $A \subset B$이고 $A \neq B$일 때 $A$를 $B$의 **진분집합**이라 한다.

**기초예제**

(1) $A=\{1, 2\}$의 부분집합은 $\varnothing$, $\{1\}$, $\{2\}$, $A$로 모두 4개이다.

(2) $A=\{1, 2, 3, 5, 6, 7\}$, $B=\{1, 2, 3, 7\}$ , $C=\{1, 2, 3, 7, 2\}$ 일 때 $B \subset A$, $C \subset A$ 이며 $B \subset C$ 이고 $C \subset B$이므로 $B=C$ 이다.

(3) $A=\{1, 2, \{1\}\}$일 때 $\varnothing \subset A$, $\{1\} \in A$, $\{\{1\}\} \subset A$ 이다.

**문제 1-2**

(1) 자연수 전체의 집합 $N$, 정수 전체의 집합 $Z$, 유리수 전체의 집합 $Q$, 실수 전체의 집합 $R$의 포함관계를 기호로 나타내어라.

**【풀이】** $N \subset Z \subset Q \subset R$

(2) 다음 집합의 포함관계를 나타내어라.

① $A=\{x|x$는 2의 배수$\}$, $B=\{x|x$는 6의 배수$\}$

② $A$ : 평행사변형의 집합, $B$ : 직사각형의 집합

**【풀이】** ① $B \subset A$ ② $B \subset A$

**기 본 개 념 1 - 3**

- 집합의 연산

집합 $A, B$을 전체집합 $U$의 분분집합이라 하자.

(1) 합집합 : $A$에 속하거나 $B$에 속하는 원소로 된 집합

⇨ $A \cup B=\{x|x \in A$ 또는 $x \in B\}$

(2) 교집합 : $A$에 속하고 $B$에 속하는 원소로 된 집합

⇨ $A \cap B=\{x|x \in A$ 그리고 $x \in B\}$

(3) 차집합 : $A$에 속하고 $B$에 속하지 않는 원소로 된 집합

⇨ $A-B=\{x|x \in A$ 그리고 $x \notin B\}$

(4) 여집합 : $U$에 속하고 $A$에 속하지 않는 원소로 된 집합

⇨ $A^c=U-A=\{x|x \in U$ 그리고 $x \notin A\}$

**기초예제**

$U=\{1, 2, 3, 4, 5\}$, $A=\{1, 2, 3\}$, $B=\{3, 5,\}$ 이면

$A \cup B=\{1, 2, 3, 5\}$, $A \cap B=\{3\}$, $A-B=\{1, 2\}$, $A^c=\{4, 5\}$이다.

**문제 1-3**

(1) $U=\{1, 2, 3, 5, 6, 7\}$, $A=\{1, 2, 3, 7\}$, $B=\{3, 5, 6\}$일 때 다음을 계산하고 벤다이어그램으로 표현하여라.

① $A \cup B$ ② $A \cap B$ ③ $A-B$ ④ $A^c$

【풀이】 ① $A \cup B=U$ ② $A \cap B=\{3\}$ ③ $A-B=\{1, 2, 7\}$

④ $A^c=\{5, 6\}$

(2) $A=\{x \mid 0 \le x \le 6\}$, $B=\{x \mid -2 \le x \le 3\}$일 때 다음을 계산하여라.

① $A \cup B$ ② $A \cap B$ ③ $A-B$

【풀이】 ① $A \cup B=\{x \mid -2 \le x \le 6\}$

② $A \cap B=\{x \mid 0 \le x \le 3\}$

③ $A-B=\{x \mid 3 < x \le 6\}$

**기 본 개 념 1 - 4**

(1) 집합 $A=\{a_1, a_2, \cdots, a_n\}$ 의 부분집합의 개수 : $2^n$

(2) 집합 $A=\{a_1, a_2, \cdots, a_n\}$의 진부분집합의 개수 : $2^n-1$

(3) 집합 $A=\{a_1, a_2, \cdots, a_n\}$에서 $k$개의 원소는 포함하고 $m$개의 원소는 포함하지 않는 $A$의 부분집합의 개수 : $2^{n-k-m}$

**기초예제**

$A=\{1, 2, 3, 4, 5, 6, 7\}$의 부분집합의 개수는 $2^7$이고 진부분집합의 개수는 $2^7-1$이며 1은 포함하고 7은 포함하지 않는 부분집합의 개수는 $2^{7-1-1}=2^5$이다.

**기본개념 1-5**

- 집합 $A, B, C$에 대하여 다음 법칙이 성립한다.
  - (1) $A\cup B=B\cup A,\ A\cap B=B\cap A$ (교환법칙)
  - (2) $A\cup(B\cup C)=(A\cup B)\cup C$ (결합법칙)
    $A\cap(B\cap C)=(A\cap B)\cap C$
  - (3) $A\cup(B\cap C)=(A\cup B)\cap(A\cup C)$ (분배법칙)
    $A\cap(B\cup C)=(A\cap B)\cup(A\cap C)$
  - (4) $(A\cup B)^c=A^c\cap B^c,\ (A\cap B)^c=A^c\cup B^c$ (드모르간의법칙)
  - (5) $A-B=A\cap B^c$
  - (6) $(A^c)^c=A$

**기본개념 1-6**

- 집합 $A$의 원소의 개수를 $n(A)$라 하면 다음 식이 성립한다.
  - (1) $n(A^c)=n(U)-n(A)$
  - (2) $n(A\cup B)=n(A)+n(B)-n(A\cap B)$
  - (3) $n(A\cup B\cup C)=n(A)+n(B)+n(C)-n(A\cap B)$
    $-n(B\cap C)-n(C\cap A)+n(A\cap B\cap C)$
  - (4) $n(A-B)=n(A)-n(A\cap B)=n(A\cup B)-n(B)$

**기초예제**

$U=\{1, 2, 3, 4, 5\}$, $A=\{1, 2, 3\}$, $B=\{3, 5, \}$ 이면

$A \cap B^c=\{1, 2\}$, $(A \cap B)^c=\{1, 2, 4, 5\}$, $(A \cup B)^c=\{4\}$이다.

**기초예제**

(1) $A=\{1, 2, 3\}$, $B=\{3, 5, \}$일 때

$n(A \cup B)=n(A)+n(B)-n(A \cap B)=3+2-1=4$

(2) $A=\{1, 2, 3\}$, $B=\{3, 5, \}$, $C=\{3, 4, 5, 6\}$일 때

$$\begin{aligned} n(A \cup B \cup C) &= n(A)+n(B)+n(C)-n(A \cap B) \\ &\quad -n(B \cap C)-n(C \cap A)+n(A \cap B \cap C) \\ &= 3+2+4-1-2-1+1=6 \end{aligned}$$

**문제 1-4**

(1) $A, B \subset U$, $n(U)=20$, $n(A^c \cup B^c)=8$ 일 때 $n(A \cap B)$를 구하시오.

**【풀이】** $n((A \cap B)^c)=n(A^c \cup B^c)=8$이므로 $n(A \cap B)=20-8=12$

(2) 60명의 학생 중 음악을 좋아하는 학생이 35명, 독서를 좋아하는 학생이 28명, 음악과 독서 모두 좋아하는 학생이 5명이었다.

① 음악만 좋아하는 학생은 몇 명인가?

② 음악과 독서 모두 싫어하는 학생은 몇 명인가?

**【풀이】** $n(U)=60$, 음악을 좋아하는 학생 수 $n(A)=35$, 독서를 좋아하는 학생 수 $n(B)=28$라 하면 $n(A \cap B)=5$이고

① $n(A-B)=n(A)-n(A \cap B)=35-5$

② $n(A \cup B)=n(A)+n(B)-n(A \cap B)=35+28-5=58$이므로

$n((A \cup B)^c)=n(U)-n(A \cup B)=60-58=2$

# 연습문제

1. $U=\{1, 2, 3, 5, 6, 7, 8\}$, $A=\{1, 2, 3, 7\}$, $B=\{3, 5, 6, 8\}$일 때 다음을 구하고 벤 다이어그램으로 표현하여라.

   ① $A\cup B$ ② $A\cap B$ ③ $A-B$ ④ $A^c$

2. $A=\{x\,|\,1\le x\le 6\}$, $B=\{x\,|\,-2\le x\le 4\}$일 때 다음을 계산하여라.

   ① $A\cup B$ ② $A\cap B$ ③ $A-B$

3. 50명의 학생 중 음악을 좋아하는 학생이 30명, 독서를 좋아하는 학생이 15명, 음악과 독서 모두 좋아하는 학생이 5명이었다.

   ① 음악만 좋아하는 학생은 몇 명인가?

   ② 음악과 독서 모두 싫어하는 학생은 몇 명인가?

4. 전체집합 $U=\{x\,|\,1\le x\le 12,\ x\text{는 자연수}\}$의 두 부분집합 $A, B$에 대하여 $A\cap B=\{1, 7\}$, $A^c\cap B^c=\{2, 10\}$, $A^c\cap B=\{4, 6, 8\}$이다. 이때, 집합 $A$의 모든 원소의 합은?

5. 집합 $A=\{1, 2, 3, \{1, 2\}\}$의 부분집합의 개수는?

6. 집합 $B=\{a, b, c, d, e, f\}$의 부분집합 중에서 원소 $a, b$는 포함하고 원소 $f$는 포함하지 않는 부분집합의 개수를 구하여라.

7. 집합 $C=\{1, 2, \dots, 10\}$의 부분집합 중에서 적어도 하나의 홀수를 원소로 갖는 부분집합의 개수를 구하여라.

8. 1에서 100까지의 자연수 중에서 5의 배수 또는 7의 배수가 되는 수의 개수는?

9. $A, B \subset U$, $n(U)=15$, $n(A^c \cup B^c)=8$일 때 $n(A \cap B)$를 구하시오.

10. $n(A)=6$, $n(B)=4$, $n(A \cup B)=7$ 일 때, $n(A \cap B)$의 값을 구하여라.

11. 두 집합 $A=\{a-2b, -6\}$, $B=\{a-3b, -5\}$에 대하여 $A=B$를 만족하는 상수 $a, b$의합 $a+b$의 값은?

12. 두 집합 $A=\{x \mid 0<x \leq 3\}$, $B=\{x \mid a<x<2a+12\}$가 $A \subset B$를 만족할 때, 정수 $a$의 개수는 ?

13. 집합 $A=\{x \mid x \geq 8\}$, $B=\{x \mid x \geq a\}$, $C=\{x \mid x \geq 2\}$에 하여 $A \subset B \subset C$가 성립하도록 하는 정수 $a$의 개수를 구하여라.

14. 1부터 100까지의 자연수 중에서 5의 배수도 아니고, 7의 배수도 아닌 수의 개수를 구하여라.

## 9.2 수와 연산

**기 본 개 념 2 - 1**

- 실수의 체계
  (1) 자연수 전체의 집합 $N = \{1, 2, 3, \cdots\}$
  (2) 정수 전체의 집합 $Z = \{\cdots, -3, -2, -1, 0, 1, 2, 3, \cdots\}$
  (3) 유리수 전체의 집합 $Q = \left\{ \frac{n}{m} \mid m, n \in Z, m \neq 0 \right\}$
  (4) 무리수 전체의 집합 $Q^c$: 분수로 나타낼 수 없는 실수
  (5) 실수 전체의 집합 $R = Q \cup Q^c$
  ⇨ 포함관계는 $N \subset Z \subset Q \subset R$

- 실수
  - 유리수
    - 정수
      - 자연수 : 1, 2, 3, ⋯
      - 0
      - 음의 정수 : −1, −2, −3, ⋯
    - 정수아닌 유리수: 0.5, −3.1, ...
  - 무리수⇒비순환무한소수: $\sqrt{2}$, $\pi$, $\sin 10^\circ$, ⋯

**기 본 개 념 2 - 2**

- 임의의 $a \in S$, $b \in S$에 대하여 어떤 연산 $*$이 정의되었을 때, $a * b \in S$이면 집합 $S$는 연산 $*$에 대하여 **닫혀 있다**고 한다.
- 집합 $S$가 연산 $*$에 대하여 닫혀 있을 때, 임의의 $a \in S$에 대하여 $a * e = e * a = a$인 $e \in S$를 연산 $*$에 대한 **항등원**이라 한다.
- 집합 $S$가 연산 $*$에 대하여 닫혀 있고, $e \in S$가 연산 $*$에 대한 항등원일 때 $a \in S$에 대하여 $a * x = x * a = e$인 $x \in S$를 연산 $*$에 대한 $a$의 **역원**이라 한다.

**기초예제**

(1) 자연수 집합은 +, ×에 대하여 닫혀있고, ×에 대한 항등원 1이며 +에 대한 항등원은 없다.

(2) 정수 집합은 +, −, ×에 대하여 닫혀있고, ×에 대한 항등원 1이며 +에 대한 항등원은 0이다.

(3) 유리수, 실수 집합은 +, −, ×, ÷에 대하여 닫혀있고, ×에 대한 항등원 1이며 +에 대한 항등원은 0이다.
(단, ÷에서 0 으로 나누는 것은 제외)

(4) (유리수) ± (무리수) = 무리수

(5) (무리수) +, −, ×, ÷ (무리수)는 유리수 일수도 있고, 무리수 일수도 있다.

(6) 집합 $S=\{-1,\ 1\}$은 곱셈과 나눗셈에 대하여 닫혀있고, 곱셈에 대한 항등원은 1이다.

**문제 2-1**

(1) 실수 전체의 집합에서 덧셈과 곱셈에 대한 $1+\sqrt{2}$의 역원을 구하여라.

**【풀이】** $x+(1+\sqrt{2})=0 \Leftrightarrow x=-1-\sqrt{2}$ : 덧셈에 대한 역원

$x\times(1+\sqrt{2})=1 \Leftrightarrow x=\dfrac{1}{1+\sqrt{2}}$ : 곱셈에 대한 역원

(2) 실수 $a, b$에 대하여 연산 $a*b$를 $a*b = ab+a+b$라 정의한다. 이 연산에 대하여 2의 역원을 구하여라.

**【풀이】** $a*e = ae+a+e = a \Leftrightarrow e(a+1) = 0 \Rightarrow e = 0$ : *에 대한 항등원

$2*x = 2x+2+x = 0 \Leftrightarrow x(2+1) = -2$

$\Leftrightarrow x = -\dfrac{2}{3}$ : *에 대한 2의 역원

**기 본 개 념 2 - 3**

- 연산의 기본법칙 : 집합 $S$가 연산 $*$와 $\circ$에 대하여 닫혀 있을 때,
  - (1) 교환법칙 : $a*b = b*a$
  - (2) 결합법칙 : $a*(b*c) = (a*b)*c$
  - (3) 분배법칙 : $a*(b\circ c) = (a*b)\circ(a*c)$
- 실수의 대소관계
  - (1) $a > b,\ b > c \Rightarrow a > c$
  - (2) $a > b,\ c > d \Rightarrow a+c > b+d$
  - (3) $a > b,\ c > 0 \Rightarrow ac > bc,\ \dfrac{a}{c} > \dfrac{b}{c}$
  - (4) $a > b,\ c < 0 \Rightarrow ac < bc,\ \dfrac{a}{c} < \dfrac{b}{c}$
- 절댓값

수직선 위에서 실수 $a$에 대응하는 점과 원점 사이의 거리를 $a$의 **절댓값**이라 하고, 기호 $|a|$로 나타낸다.

$$\Rightarrow \quad |a| = \begin{cases} a & (a \geqq 0) \\ -a & (a < 0) \end{cases}$$

- 절댓값의 성질
  - (1) $|a| \geqq 0,\ |a| = |-a|$
  - (2) $|a|^2 = a^2$
  - (3) $|a||b| = |ab|$
  - (4) $\dfrac{|a|}{|b|} = \left|\dfrac{a}{b}\right|$ (단, $b \neq 0$)

▸ $(R, +, \times)$은 교환법칙, 결합법칙, 분배법칙이 성립한다.

**기초예제**

(1) $3\sqrt{2} - (1+2\sqrt{2}) = \sqrt{2} - 1 > 0$이므로 $3\sqrt{2} > 1+2\sqrt{2}$이다.

(2) $|-3| = 3$, $|-2|^2 + |-3|^2 = |2|^2 + |3|^2 = 13$, $\dfrac{|6|}{|-2|} = \dfrac{6}{2} = 3$이다.

(3) $|x| = 3$이면 $x = \pm 3$이다.

**문제 2-2**

(1) 집합 $A = \{0, 1\}$은 사칙연산 중 어느 연산에 닫혀 있는가?
(단, 0으로 나누는 것은 제외)

**【풀이】** $1+1=2 \not\in A$, $0-1=-1 \not\in A$이므로 덧셈과 뺄셈에는 닫혀 있지 않다. 곱셈과 나눗셈에는 닫혀있다.

(2) 실수 $a, b$에 대하여 연산 $a*b$를 $a*b = 2ab + a - b$라 정의할 때 $2*(3*1)$을 구하여라.

**【풀이】** $2*(3*1) = 2*(2\times3\times1+3-1) = 2*8 = 2\times2\times8+2-8 = 26$

(3) $|x-2| = 4$이 되는 $x$값을 구하여라.

**【풀이】** (i) $x \geq 2$일 때, $|x-2| = 4 \Leftrightarrow x-2 = 4 \Leftrightarrow x = 6$

(ii) $x < 2$일 때, $|x-2| = 4 \Leftrightarrow -(x-2) = 4 \Leftrightarrow x = -2$

(4) $-2 \le x < 5$일 때, $|x+2|+|x-5|$를 간단히 하여라.

【풀이】 $|x+2|+|x-5| = x+2-(x-5) = 7$

(5) 임의의 실수 $a, b$에 대하여 연산 $a*b$를 $a*b=2ab+2a+2b+1$라 정의 한다.

① $*$은 교환법칙이 성립하는지 확인하여라.

② $*$에 대한 1의 역원을 구하여라.

【풀이】 ① $b*a=2ba+2b+2a+1 = 2ab+2a+2b+1$이므로 $a*b=b*a$

따라서 $*$은 교환법칙이 성립한다.

② $a*e = 2ae+2a+2e+1 = a \Leftrightarrow (2e+1)(a+1)=0$

$\therefore$ $*$에 대한 항등원 $e = -\dfrac{1}{2}$

$$1*x = 2\times 1x + 2\times 1 + 2x + 1 = -\frac{1}{2}$$

$\Leftrightarrow 4x = -\dfrac{7}{2} \Leftrightarrow x = -\dfrac{7}{8}$ : $*$에 대한 1의 역원

## 연 습 문 제

1. 집합 $A=\{-1, 0, 1\}$은 사칙연산 중 어느 연산에 닫혀 있는가? (단, 0으로 나누는 것은 제외)

2. 실수 $a, b$에 대하여 연산 $a*b$를 $a*b=2ab+a-2b$라 정의할 때 $2*(1*3)$을 구하여라.

3. $|x-2| = 4-x$이 되는 $x$값을 구하여라.

4. $-2 \le x < 5$일 때, $|2x+4|+2|x-5|$를 간단히 하여라.

5. 임의의 실수 $a, b$에 대하여 연산 $a*b$를 $a*b = 2ab+2a+2b+1$라 정의할 때 $*$에 대한 항등원이 존재하는지 확인하여라.

6. 다음 각 경우에 대하여 $|a+2|+|a-3|$을 간단히 하여라.
① $a < -2$ ② $-2 \le a < 3$ ③ $a \ge 3$

7. 두 실수 $2-\sqrt{2}$, $3-2\sqrt{2}$의 대소를 비교하여라.

8. 실수 $x, y$에 대하여 다음 식을 만족하는 $x^2 - y^2$을 구하여라.
$(x-6)^2 + (2y+6)^2 = 0$

9. 서로 다른 두 유리수 사이에는 반드시 유리수가 존재함을 증명하여라.

10. 0보다 큰 실수 중 가장 작은 실수가 존재하는지 확인하여라.

## 9.3 인수분해

**기 본 개 념 3 - 1**

- 하나의 다항식을 두 개 이상의 인수의 곱 꼴로 나타내는 것을 **인수분해**라 한다.

$$(x+2)(x+3) \underset{\text{인수분해}}{\overset{\text{전개}}{\rightleftarrows}} x^2+5x+6$$

- 인수분해의 기본공식 I

(1) $ma+mb=m(a+b)$

(2) $a^2+2ab+b^2=(a+b)^2,\quad a^2-2ab+b^2=(a-b)^2$

(3) $a^2-b^2=(a+b)(a-b)$

(4) $x^2+(a+b)x+ab=(x+a)(x+b),\quad x^2-(a+b)x+ab=(x-a)(x-b)$

(5) $a^2+b^2+c^2+2ab+2bc+2ca=(a+b+c)^2$

**기초예제**

(1) $3a+3b=3(a+b),\quad 3ab^2+2a^2b=ab(3b+2a)$

(2) $4x^2+4xy+y^2=(2x)^2+2(2x)y+y^2=(2x+y)^2$

(3) $4x^2-4x+1=(2x)^2-2(2x)1+1^2=(2x-1)^2$

(4) $9x^2-4y^2=(3x)^2-(2y)^2=(3x+2y)(3x-2y)$

(5) $x^2-5x+6=x^2-(2+3)x+(2\times3)=(x-2)(x-3)$

(6) $x^2+5x+6 = x^2+(2+3)x+(2\times 3) = (x+2)(x+3)$

(7) $x^2+y^2+1^2+2xy+2y+2x = (x+y+1)^2$

**기 본 개 념 3 - 2**

- 인수분해의 기본공식 II

(1) $a^3+3a^2b+3ab^2+b^3 = (a+b)^3$, $a^3-3a^2b+3ab^2-b^3 = (a-b)^3$

(2) $a^3+b^3 = (a+b)(a^2-ab+b^2)$, $a^3-b^3 = (a-b)(a^2+ab+b^2)$

(3) $a^3+b^3+c^3-3abc = (a+b+c)(a^2+b^2+c^2-ab-bc-ca)$

$$= \frac{1}{2}(a+b+c)\{(a-b)^2+(b-c)^2+(c-a)^2\}$$

(4) $a^4+a^2b^2+b^4 = (a^2+ab+b^2)(a^2-ab+b^2)$

(5) $(a+b+c)(ab+bc+ca)-abc = (a+b)(b+c)(c+a)$

**기초예제**

(1) $8x^3+12x^2y+6xy^2+y^3 = (2x+y)^3$

$8x^3-12x^2y+6xy^2-y^3 = (2x-y)^3$

(2) $x^3+8y^3 = (x+2y)(x^2-2xy+4y^2)$

$x^3-8y^3 = (x-2y)(x^2+2xy+4y^2)$

(3) $8x^3+27y^3-18xy+1 = (2x+3y+1)(2x^2+9y^2+1-6xy-3y-2x)$

$$= \frac{1}{2}(2x+3y+1)\{(2x-3y)^2+(3y-1)^2+(1-2x)^2\}$$

(4) $x^4+4x^2y^2+16y^4 = (x^2+2xy+4y^2)(x^2-2xy+4y^2)$

(5) $(x+y+1)(xy+y+x)-xy = (x+y)(y+1)(1+x)$

(6) $3x^4-x^2-2 = (3x^2+2)(x^2-1) = (3x^2+2)(x+1)(x-1)$

(7) $(a^2-3a)^2-2a^2+6a-8 = (a^2-3a)^2-2(a^2-3a)-8$

$a^2-3a=t$라 하면 → $= t^2-2t-8 = (t-4)(t+2)$

$= (a^2-3a-4)(a^2-3a+2)$

$= (a+1)(a-4)(a-1)(a-2)$

## 연습문제

※ 다음 식을 인수분해 하여라.

1. $3ab^2-2a^2b+ab$
2. $4x^2+4x+1$
3. $9x^2-y^2$
4. $2x^2+5x+3$
5. $(x+2)^3-1$
6. $x^2-(2a+1)x+(a+2)(a-1)$
7. $3x^4-x^2-2$
8. $x^4+4$
9. $x^3-4x^2+x+6$
10. $ab(a-b)+bc(b-c)+ca(c-a)$

## 9.4 일차방정식

**기 본 개 념 4 - 1**

- 등식 : 두 식사이의 관계를 등호를 사용하여 나타낸 식

- 방정식 : 등식에 들어있는 미지수의 값에 따라 참, 거짓이 달라지는 등식

- 항등식 : 등식에 들어있는 미지수에 어떤 값을 대입하여도 항상 참이 되는 등식

- 일차방정식 : $ax+b=0$($a, b$ 은 상수, $a \neq 0$)와 같이 미지수가 1개이고, 미지수 $x$의 차수가 1인 방정식

- 등식의 성질 : $A=B$일 때 다음 성질이 성립한다.

  ① $A+m=B+m$  ② $A-m=B-m$

  ③ $Am=Bm$  ④ $\dfrac{A}{m}=\dfrac{B}{m}$, $m \neq 0$

- 일차방정식의 풀이 : 미지수를 포함하는 항을 좌변에 상수항을 우변으로 이항하여 $ax=b$와 같은 형태로 변형한 후 계산한다.

  ① $a \neq 0$일 때, $x=\dfrac{b}{a}$

  ② $a=0$일 때, $\begin{cases} b \neq 0\text{이면 해가 없다.(불능)} \\ b=0\text{이면 해가 무수히 많다.(부정)} \end{cases}$

**기초예제**

(1) 일차방정식 $3x+6=0$의해는 $3x+6=0 \Leftrightarrow 3x=-6 \Leftrightarrow x=-2$

(2) 일차방정식 $3x+6=3x+8$은 $3x+6=3x+8 \Leftrightarrow 0x=2$이므로 해가 없다.

(3) 일차방정식 $3x+6=3x+6$은 $0x=0$이므로 해가 무수히 많다.

**기 본 개 념 4 - 2**

- 절댓값을 포함한 일차방정식 : 절댓값의 기호를 없앤 다음 계산한다.

$$|A|=\begin{cases} A, & A \geq 0\text{일 때} \\ -A, & A<0\text{일 때} \end{cases}$$

- 절댓값 기호가 2개 있을 때, 즉 $|x-\alpha|+|x-\beta|=k\,(\alpha<\beta)$의 해법

① (절댓값) $=0$인 $x$의 값을 구한다. $(x=\alpha, \beta)$

② 구간을 나누어 방정식을 계산한다.

(i) $x<\alpha$ (ii) $\alpha \leq x<\beta$ (iii) $\beta \leq x$

③ 결과가 각각의 범위에 적합한지 확인한다.

**기초예제**

(1) 방정식 $|2x-4|=2$의 해는

(i) $2x-4 \geq 0$, 즉 $x \geq 2$일 때, $2x-4=2 \Leftrightarrow 2x=6 \Leftrightarrow x=3$

(ii) $2x-4<0$, 즉 $x<2$일 때, $-2x+4=2 \Leftrightarrow -2x=-2 \Leftrightarrow x=1$

$\therefore x=1, 3$

(2) 방정식 $|x-1|+|x-2|=3$의 해는

(i) $x<1$일 때, $-(x-1)-(x-2)=3 \Leftrightarrow -2x=0 \Leftrightarrow x=0$

(ii) $1 \le x < 2$일 때, $(x-1)-(x-2)=3 \Leftrightarrow 0x=2$이므로 불능

(iii) $2 \le x$일 때, $(x-1)+(x-2)=3 \Leftrightarrow 2x=6 \Leftrightarrow x=3$

$\therefore x=0, 3$

(3) 방정식 $|x-1|+|x-2|=x+3$의 해는

(i) $x<1$일 때, $-(x-1)-(x-2)=x+3 \Leftrightarrow -3x=0 \Leftrightarrow x=0$

조건에 적합하므로 $x=0$은 해이다.

(ii) $1 \le x < 2$일 때, $(x-1)-(x-2)=x+3 \Leftrightarrow x=-2$

조건에 부적합하므로 해가 아니다.

(iii) $2 \le x$일 때, $(x-1)+(x-2)=x+3 \Leftrightarrow x=6$

조건에 적합하므로 $x=6$은 해이다.

## 연 습 문 제

1. 일차방정식 $2x-6=0$의 해를 구하여라.

2. 일차방정식 $2x-6=3(x+2)$의 해를 구하여라.

3. 방정식 $|2x-3|=x-1$의 해를 구하여라.

4. 방정식 $|x+1|+|x-2|=4$의 해를 구하여라.

5. 방정식 $|2x-1|+|x-2|=x+8$의 해를 구하여라.

6. $x$에 대한 방정식 $a(a-2)x=a-2$ 의 해가 1개 존재하기 위한 $a$의 값을 구하여라.

7. $x$에 대한 방정식 $a(a+5)x=a+5$ 의 해가 무수히 많기 위한 $a$의 값을 구하여라.

8. $x$에 대한 방정식 $a(a-3)x=a-3$ 의 해가 존재하지 않기 위한 $a$의 값을 구하여라.

9. $x$에 대한 방정식 $(a-1)(a-4)x=a-2(x+1)$ 의 해가 무수히 많기 위한 $a$의 값을 구하여라.

10. $\{x \mid (a^2+6)x=a(5x+1)-2\}=\varnothing$ 일 때, $a$의 값을 구하여라.

## 9.5 이차방정식

**기 본 개 념 5 − 1**

- 이차방정식 : $ax^2+bx+c=0$($a, b, c$은 상수, $a \neq 0$)와 같이 미지수 $x$의 차수가 2차인 방정식

- 이차방정식의 해법

  (1) 인수분해 이용

  ⇨ $(ax-b)(cx-d)=0$의 근은 $x=\frac{b}{a}, \frac{d}{c}$

  (2) 근의 공식 이용

  ⇨ $ax^2+bx+c=0$의 근은 $x=\frac{-b\pm\sqrt{b^2-4ac}}{2a}$

  (3) 완전제곱식 이용

  ⇨ $(x+a)^2=b$의 근은 $x=-a\pm\sqrt{b}$

▸ 이차방정식 $ax^2+bx+c=0$에서는 $a \neq 0$라는 뜻을 포함한다.

**기초예제**

(1) 이차방정식 $x^2-5x+6=0$을 인수분해를 이용하여 풀면

$x^2-5x+6=(x-2)(x-3)=0$ 이므로 $x=2, 3$

(2) 이차방정식 $x^2-5x+6=0$을 근의 공식을 이용하여 풀면

$$x=\frac{5\pm\sqrt{25-4\times1\times6}}{2}=\frac{5\pm1}{2}=2, 3$$

(3) 이차방정식 $x^2-5x+6=0$을 완전제곱식을 이용하여 풀면

$$x^2-5x+6=x^2-5x+\left(\frac{5}{2}\right)^2-\left(\frac{5}{2}\right)^2+6=\left(x-\frac{5}{2}\right)^2-\frac{1}{4}=0 \text{ 이므로}$$

$$\left(x-\frac{5}{2}\right)^2=\frac{1}{4} \Leftrightarrow x-\frac{5}{2}=\pm\frac{1}{2} \Leftrightarrow x=2,\ 3$$

**기 본 개 념 5 - 2**

- 이차방정식 $ax^2+bx+c=0$의 두 근을 $\alpha, \beta$라 하면

  ① $\alpha+\beta=-\frac{b}{a}$ ② $\alpha\beta=\frac{c}{a}$ ③ $|\alpha-\beta|=\frac{\sqrt{b^2-4ac}}{|a|}$

  ④ $ax^2+bx+c=a(x-\alpha)(x-\beta)=a(x^2-(\alpha+\beta)x+\alpha\beta)$

- 이차방정식 $ax^2+bx+c=0$ ($a, b, c$ : 실수)에서 $D=b^2-4ac$를 **판별식**이라 한다. 판별식의 부호에 따라 근의 종류를 판단할 수 있다.

  ① $D>0 \Leftrightarrow$ 서로 다른 두 실근

  ② $D=0 \Leftrightarrow$ 중근(같은 두 실근)

  ③ $D<0 \Leftrightarrow$ 서로 다른 두 허근

**기초예제**

(1) $2x^2+3x-5=0$의 두 근을 $\alpha, \beta$라 하면 $\alpha+\beta=-\frac{3}{2}$, $\alpha\beta=-\frac{5}{2}$

(2) $x^2-6x+5=0$은 $D=6^2-20=16>0$이므로 서로 다른 두 실근을 갖는다.

(3) $x^2+4x+4=0$은 $D=4^2-16=0$이므로 중근을 갖는다.

(4) $x^2-x+2=0$은 $D=(-1)^2-4\times1\times2=-7<0$이므로 서로 다른 두 허근을 갖는다.

(5) 이차항의 계수가 1이고 두 근이 2, 3인 이차방정식은

$$x^2-(2+3)x+(2\times3)=0 \qquad \therefore x^2-5x+6=0$$

(6) 이차항의 계수가 2이고 두 근이 $2+\sqrt{2}$, $2-\sqrt{2}$ 인 이차방정식은

$$2[x^2-(2+\sqrt{2}+2-\sqrt{2})x+(2+\sqrt{2})(2-\sqrt{2})]=0$$

$$\therefore 2x^2-8x+4=0$$

## 연 습 문 제

1. 이차방정식 $x^2-6x+8=0$의 해를 인수분해를 이용하여 구하여라.

2. 이차방정식 $x^2-3x+2=0$의 해를 근의 공식을 이용하여 구하여라.

3. 이차방정식 $x^2+4x+2=0$의 해를 완전제곱식을 이용하여 구하여라.

4. 이차방정식 $2x^2+8x-6=0$의 두 근의 합과 곱을 구하여라.

5. 이차항의 계수가 2이고 두 근이 $-2, 2$인 이차방정식을 구하여라.

6. 방정식 $x^2-|x|-6=0$의 해를 구하여라.

7. 이차방정식 $x^2+ax-2=0$의 한 근이 1일 때, 다른 한 근을 구하여라.

8. 이차방정식 $x^2-2x+3=0$의 두 근을 $\alpha, \beta$라 할 때 $\dfrac{\beta}{\alpha}+\dfrac{\alpha}{\beta}$을 구하여라.

## 9.6 지수와 로그

**기 본 개 념 6 - 1**

- 임의의 실수 $a$를 $n(\in N)$번 곱한 것을 $a$**의** $n$**제곱**이라 하고, $a^n$로 표시 한다.
- $a>0,\ b>0$이고 $m, n\in N$일 때 다음 지수법칙이 성립한다.
  ① $a^m\times a^n=a^{m+n}$ ② $a^m\div a^n=a^{m-n}\ (m>n)$
  ③ $(a^m)^n=a^{mn}$ ④ $(ab)^m=a^m b^m$
- $a\neq 0$일 때 $a^0=1$로 정의 한다.
- $a\neq 0$이고 $n\in N$ 일 때 $a^{-n}=\dfrac{1}{a^n}$로 정의 한다.
- $a>0$이고 $n\in N$ 일 때 $a^{\frac{1}{n}}=\sqrt[n]{a}$로 정의 한다.

※ $m, n$ 이 실수일 때에도 위의 지수법칙은 성립한다.

**기초예제**

(1) $5\times5\times5\times5=5^4$

(2) $3^2\times3^3=3^{2+3}=3^5$

(3) $7^5\div7^3=7^{5-3}=7^2$

(4) $(2^3)^2=2^6$

(5) $(2\times3)^3=2^3\times3^3$

(6) $8^{\frac{1}{3}}=\sqrt[3]{8}=2$

(7) $3^{-2}=\dfrac{1}{3^2}=\dfrac{1}{9}$

(8) $9^{\frac{3}{2}}=\left(9^{\frac{1}{2}}\right)^3=3^3=27$

**문제 16-1**

다음 식을 간단히 하여라.

(1) $(\sqrt{4}\div2\sqrt[3]{2})^{-10}$

(2) $\dfrac{\sqrt{27}\times\sqrt[6]{3}}{\sqrt[6]{81}}$

【풀이】 (1) $(2^{1-\frac{4}{3}})^{-10}=2^{\frac{10}{3}}=(2^{10})^{\frac{1}{3}}=\sqrt[3]{1024}$ (2) $3^{\frac{3}{2}+\frac{1}{6}-\frac{4}{6}}=3$

**기 본 개 념 6 - 2**

- 로그의 정의

  $a>0$, $a\neq1$이고 $y>0$일 때 $y=a^x \Leftrightarrow x=\log_a y$

- $a>0$, $a\neq1$이고 $x, y>0$일 때 다음 로그의 성질이 성립한다.

  ① $\log_a a=1$

  ② $\log_a 1=0$

  ③ $\log_a xy=\log_a x+\log_a y$

  ④ $\log_a \dfrac{x}{y}=\log_a x-\log_a y$

  ⑤ $\log_a x^n=n\log_a x$

  ⑥ $\log_a b=\dfrac{\log_c b}{\log_c a}$, $(c>0,\ c\neq1)$

  ⑦ $a^{\log_a b}=b$, $(b>0, b\neq1)$

기초예제

(1) $\log_4 4 = 1$

(2) $\log_5 1 = 0$

(3) $\log_2 24 = \log_2 3 + \log_2 8$

(4) $\log_2 2^8 = 8\log_2 2$

(5) $\log_2 \dfrac{24}{3} = \log_2 24 - \log_2 3$

(6) $\log_4 20 = \dfrac{\log_2 20}{\log_2 4}$

(7) $2^{\log_2 5} = 5$

(8) $\log_2 16 + \log_3 9 + \log_{10} 1000 = 4 + 2 + 3 = 9$

문제 6-2

다음 식을 간단히 하여라.

(1) $\log_2 12 + \log_2 3 - \log_2 9$

(2) $\log_2 3 \times \log_3 5 \times \log_5 2$

(3) $2^{3\log_2 3 - 6\log_2 \sqrt[3]{3}}$

【풀이】(1) (식) $= \log_2 \dfrac{12 \times 3}{9} = \log_2 4 = 2$

(2) (식) $= \dfrac{\log_{10} 3}{\log_{10} 2} \times \dfrac{\log_{10} 5}{\log_{10} 3} \times \dfrac{\log_{10} 2}{\log_{10} 5} = 1$

(3) (식) $= 2^{\log_2 3^{3-\frac{6}{3}}} = 3$

## 연습문제

1. $\sqrt[3]{\left(\frac{27}{8}\right)^2}$의 값을 구하여라.

2. $\frac{\sqrt{27}\times\sqrt[12]{9}}{\sqrt[6]{81}}$의 값을 구하여라.

3. $\sqrt[5]{2\sqrt[3]{4^5\sqrt{16}}}$ 의 값을 구하여라.

4. $\sqrt{\frac{\sqrt[3]{2}}{\sqrt[4]{2}}}\times\sqrt[4]{\frac{\sqrt{2}}{\sqrt[3]{2}}}$ 의 값을 구하여라.

5. $\left\{\left(\frac{27}{25}\right)^{-\frac{1}{3}}\right\}^{\frac{3}{2}}\times\left(\frac{27}{5}\right)^{\frac{1}{2}}$의 값을 구하여라.

6. $x^{\frac{1}{2}}-x^{-\frac{1}{2}}=3$일 때, $x+x^{-1}$의 값을 구하여라.

7. $10^{\frac{2}{3}}\times 2^{-\frac{2}{3}}\times 5^{-\frac{1}{6}}$을 간단히 하여라.

8. $xy=3$일 때, $\dfrac{2^{(x+y)^2}}{2^{(x-y)^2}}$의 값을 구하여라.

9. $x+x^{-1}=2$일 때, $x^4+x^{-4}$의 값을 구하여라.

10. $\log_2 8+\log_3 81+\log_{10} 10000$의 값을 구하여라.

11. $\log_2 24+\log_2 3-\log_2 12$의 값을 구하여라.

12. $\log_2 9\times\log_3 25\times\log_5 2$의 값을 구하여라.

13. $5^{2\log_5 3-6\log_5 \sqrt[3]{3}}$의 값을 구하여라.

14. $log_4 2+log_3 9+log_4 9 \cdot log_3 2$을 간단히 하여라.

15. $2^{log_{10}5 \cdot log_3 10 \cdot log_2 9}$을 간단히 하여라.

# 알기 쉬운 공학수학

2016년 2월 25일 초판 인쇄
2016년 3월 2일 초판 발행

저 자 이상한
발행자 오판근
발행처 교우사

주 소 서울특별시 동대문구 약령시로 8 교우빌딩 2층
전 화 925-2861~2, 편집부 / 925-2825, 홈쇼핑 / 969-5762
팩 스 925-2860

E-mail kyowoo@kyowoo.co.kr
홈페이지 http://www.kyowoo.co.kr
북스토어(쇼핑몰) http://www.kyowoo.co.kr

등 록 1994. 3. 24 제6-0256호

ISBN 979-11-251-0156-7
값 14,000원